Web3

产品经理必修课

刘涛◎著

人民邮电出版社

北京

图书在版编目（ＣＩＰ）数据

Web 3 产品经理必修课 / 刘涛著. -- 北京：人民
邮电出版社，2024.6
ISBN 978-7-115-63068-1

Ⅰ.①W… Ⅱ.①刘… Ⅲ.①互联网络②信息经济
Ⅳ.①TP393.4②F49

中国国家版本馆CIP数据核字(2023)第205734号

内 容 提 要

本书分 22 章，全面讲解了 Web 3 产品经理需要掌握的知识和技术，主要内容如下：第 1~7 章是 Web 3 产品基础内容，从产品思维、交互设计策略、用户体验、视觉设计、增长与传播等方面，阐述 Web 3 产品与传统互联网产品的异同，并用实例帮助读者理解如何做好 Web 3 产品的设计；第 8~12 章介绍了 Web 3 的理论知识，包括数字货币、去中心化、密码学、区块链、合规及法律等，帮助读者打好理论基础；第 13~22 章介绍 Web 3 产品的实战内容，重点讲述了 Web 3 的不同产品形态，包括钱包、交易所、区块链浏览器、DeFi、NFT、GameFi、DAO 等，通过实践案例的讲解，为读者介绍打造出色的 Web 3 产品的技术和技巧。

本书讲解通俗易懂，理论和案例相结合，适合互联网行业产品经理、开发人员和对 Web 3 感兴趣的爱好者学习，也适合作为大专院校相关专业师生的学习用书和培训学校的教材。

◆ 著　　　　　刘　涛

　　责任编辑　张　涛

　　责任印制　王　郁　焦志炜

◆ 人民邮电出版社出版发行　　北京市丰台区成寿寺路 11 号

　　邮编　100164　电子邮件　315@ptpress.com.cn

　　网址　https://www.ptpress.com.cn

　　北京瑞禾彩色印刷有限公司印刷

◆ 开本：800×1000　1/16

　　印张：16.5　　　　　　　　　　2024 年 6 月第 1 版

　　字数：254 千字　　　　　　　　2024 年 6 月北京第 1 次印刷

定价：89.80 元

读者服务热线：(010)81055410　印装质量热线：(010)81055316

反盗版热线：(010)81055315

广告经营许可证：京东市监广登字 20170147 号

"行胜于言"：踏踏实实做好产品

我和刘涛第一次见面是在丽都皇冠假日酒店大堂的中餐厅，我们共同讨论了与区块链公链相关的技术与发展。让我印象深刻的是他提出基于区块链技术的点对点通信需要借鉴无线电台的通信方式。我给他留了一个"作业"，是关于区块链公链的技术模型概述、应用场景以及长期的愿景展望。我当时正在寻找新基建"水平公链"的技术伙伴，两周之后得到刘涛的反馈，我认为他正是我要找的人。

这几年随着区块链以及 Web 3 相关技术与产品的逐步演进，刘涛在这个领域也完成了多种产品的实践。这里面包括区块链公链、钱包、数字身份、NFT 等。

值得一提的是，他设计的 iChaDao 产品，取得了十分钟收获 1 万个真实用户的成绩；BitTribeLab 品牌创立，我只给这个品牌起了一个名字，他仅凭一己之力把这个品牌做出了不错的影响力。

这些年，我让他写过很多文章，包括调研报告、产品实践总结，还有一些心得感悟。没有想到还有更大的惊喜，一天中午他走进我办公室，拿出了一本书——《Web 3 产品经理必修课》，并请我为他作序。

这本书的内容非常丰富，从产品的基础知识，到学科基础知识，再到实践。这是一本内容丰富、案例具体的好书。

2023 年以来，随着 Web 3 活动在香港地区的密集举办，Web 3 的发展进入了一个非常活跃的阶段，香港证券及期货事务监察委员会发布的《虚拟资产交易平台监管政策声明》，以及香港举办的一系列高规格的 Web 3 行业大会吸引了全球企业的目光。可以说 2023 年是Web 3 发展史上重要的一年。

从这个意义上说，这本书体现了作者"行胜于言"的行事风格：踏踏实实做好产品，为数字化发展贡献自己的绵薄之力。

中关村超互联新基建产业创新联盟理事长　陈升（笔名元道）

《Web 3 产品经理必修课》全面系统地探讨了产品经理在 Web 3 领域如何设计出更优秀的产品。在本书中，作者对 Web 3 的核心概念、产品经理的工作职责、技术要点，以及行业趋势进行了深入浅出的阐述，为读者提供了一本翔实且实用的学习指南。

本书是作者多年的经验和技术积累的结晶。作者不仅具备深厚的技术功底，而且拥有丰富的产品设计实战经验。

本书的特点主要体现以下几个方面。

1. 目标明晰

本书始终紧紧围绕 Web 3 这一互联网发展的新"篇章"展开，作者不仅对 Web 3 的理论进行了全面的阐述，还通过实际案例，将抽象的概念变得具体而有趣。

2. 内容丰富

本书从产品设计、交互设计、用户体验、场景设计、视觉设计，以及后面的 Web 3 技术等多个维度展开。无论是产品设计的灵魂——产品思维，还是场景设计的关键——沉浸式思维，抑或是产品生命力的决定因素——增长与传播，每一章都深入浅出地揭示了 Web 3 产品经理需要掌握的关键知识和技能。

3. 编排合理

内容的编排上融入了 Web 3 领域的前沿技术，如区块链基础、密码学、智能合约等，本书既适合非技术背景的读者，也能够满足技术从业者的学习需求。特别是在介绍数字货币、去中心化、NFT、GameFi 等热门话题时，作者用通俗易懂的语言将专业知识表达得非常流畅。

总体来说，本书很好地实现了理论和实践的结合。从产品思维到用户体验，从交互设计到视觉设计，作者用通俗易懂的语言为读者呈现了一个个实用的工具箱。这种理论与实践的结合不仅有助于技术人员更好地理解产品经理的思维方式，也为传统互联网行业的产品经理提供了一份宝贵的转型指南。

深圳市贰壹肆零科技有限公司（2140）创始人　罗金海

Web 3 被认为是互联网的未来，它与元宇宙是一体两面，一面是技术发展方向，另一面则是应用场景。

Web 3 中的 NFT 通过区块链确权具有唯一性，数字资产既有货币，也有股权、债权等特性。

Web 3 具有在区块链数字共识基础上的稳定的经济、社交、法规体系，并与现实社会联通、互动。

怎样进入 Web 3 大门呢？

本书是我迄今为止找到的最为神奇的"钥匙"。

——中华全国工商业联合会执行委员会，

中国人民政治协商会议重庆市委员会原常务委员　胡定核

Web 3 的核心在于实现网络资源的公平分配、保护用户隐私、提高数据处理效率，并提供丰富的多媒体体验。智能合约、区块链和去中心化存储等技术，支持了 Web 3 的开放、可信和高效特性，并促进了更高效、透明的共享经济的发展。了解 Web 3 技术对产品经理和行业从业者至关重要。为此，我推荐《Web 3 产品经理必修课》一书，该书结合实际案例，展现 Web 3 产品的应用和未来潜力。

——清华大学信息技术研究院副院长　邢春晓

《Web 3 产品经理必修课》是一本为那些渴望在 Web 3 领域取得成功的产品经理提供的学习指南。它不仅详细介绍了 Web 3 的核心概念和技术，还为读者提供了丰富的实践案例，帮助读者在实际工作中快速应用所学知识。

——北京大学研究员　肖臻

　　成为一个优秀的 IT 产品经理，难；成为一个优秀的 Web 3 产品经理，更难。Web 3 产品具有很多不同于传统 IT 产品的特征。只有从里到外把握 Web 3 的核心本质，从上到下把握 Web 3 产品的开发规律，一个人才能成为优秀的 Web 3 产品经理。这本书填补了市场的空白，是指导读者成为 Web 3 产品经理的指南。

——上海交通大学上海高级金融学院教授　胡捷

　　《Web 3 产品经理必修课》是每位 Web 3 从业者的必读之作。这本书不仅深入探讨了 Web 3 的核心概念和技术细节，更为读者提供了具体案例，帮助读者迅速掌握这一新技术。无论是初入行业的新手还是经验丰富的工程师，都可以从本书学到有用的知识。

——南京大学教授、亚洲区块链产业研究院学术专委会委员　丁晓蔚

　　本书从互联网的演进、数字经济变革、DeFi、NFT、DAO 等方面对 Web 3 进行了介绍。我向对 Web 3 感兴趣的产品经理推荐这本书，本书是读者成为 Web 3 产品经理的指南。

——北京交通大学教授　王伟

　　本书重点突出了去中心化这一 Web 3 的核心特征，结合密码学与区块链技术，从合规角度出发，将 Web 3 形态下未来流通交易逻辑的方方面面都进行了清晰而通俗的阐述。本书是理解 Web 3 产品经理知识的指南，很值得阅读。

——上海财经大学数字经济系讲席教授　崔丽丽

　　在数据被明确为生产要素的当下，数字经济从业者有必要深入了解 Web 3 的技术和商业原理，《Web 3 产品经理必修课》是读者成为 Web 3 产品经理的好教程。

——北京邮电大学经济管理学院副院长　杨学成

　　作为刘涛多年的同事，我推荐他的著作《Web 3 产品经理必修课》。这本书既是他对这一领域研究的成果，也是他对未来数字化世界思考的结果。书中不仅包含丰富的理论知识，也包含实践探索和创新的内容，非常适合渴望了解和掌握 Web 3 的产品经理和技术开发人

员阅读。

——世纪互联研究院院长　马炬

《Web 3 产品经理必修课》既是一本产品经理的学习指南，也是一部介绍 Web 3 技术的入门教程。刘涛用精练的语言，把多年来管理亿级用户产品的成功之道和经验提炼出来总结成书。本书条理分明、通俗易懂、图文并茂，是读者学习 Web 3 的好教材。

——QQ 前总经理　纪顺友

《Web 3 产品经理必修课》不仅深入解析了 Web 3 的核心技术，更为产品经理指明了在这一领域取得成功的路径。本书是那些渴望在 Web 3 领域大展宏图的产品经理的必读之作。

——深圳市三兔科技有限公司董事长　李山

《Web 3 产品经理必修课》是一本开阔读者视野、深度剖析技术的专业书，从基础概念到产业实践，面面俱到，是 Web 3 产品经理的学习指南。在新兴技术领域耕耘多年的我，强烈推荐《Web 3 产品经理必修课》。本书不仅详细剖析了行业内部的新动态和发展趋势，也为读者提供了实践的方法，值得大家学习。

——太一集团董事长　邓迪

刘涛对信息技术行业有深刻的洞见，一直站在行业发展的前沿。《Web 3 产品经理必修课》这本书凝练了他多年来的深度思考，我读了本书以后深受启发，本书能够助力产品经理理解和打造出更具竞争力的 Web 3 产品。

——北京亦心科技有限公司董事长　刘昌伟

《Web 3 产品经理必修课》将读者引进 Web 3 世界，让读者了解区块链的秘密，帮助读者探索去中心化应用的未知领域、设计创新的商业模式。不管读者是初入行还是经验丰富的产品经理，读这本书都会受益匪浅。

——IBM 全球业务服务部前合伙人　刘东颖

《Web 3 产品经理必修课》对 Web 3 的发展、相关的概念和技术以及 Web 3 的一些典型应用场景进行了阐释，可以让读者对 Web 3 有个全面的了解，本书值得一读。

——华为区块链首席战略官　张小军

本书不仅介绍了 Web 3 产品的基本概念和特点，还从多个角度探讨了 Web 3 产品经理的职责和应具有的技能。本书将带领读者深入了解 Web 3 产品的设计、开发等知识。通过阅读这本书，读者将获得丰富的 Web 3 知识和实用的技能，为自己成为 Web 3 产品经理打下坚实的基础！

——捧音创始人　郭小川

本书兼顾了技术细节和商业洞见，透彻解读了如何在数字经济中设计 Web 3 产品。这本书是所有互联网行业从业者，尤其是那些期待跨入 Web 3 领域的产品经理的必读之作。

——中国通信工业协会区块链专业委员会共同主席，中国移动通信联合会
元宇宙产业委员会执行主任，香港区块链协会荣誉主席　于佳宁

刘涛所著的《Web 3 产品经理必修课》一书，介绍了 Web 3 产品经理应具备的基本素养和技能，内容全面，条理清晰，是 Web 3 产品经理的学习指南。

——联合国数字安全联盟元宇宙委员会会长，
深圳市信息服务业区块链协会会长　郑定向

《Web 3 产品经理必修课》非常适合那些想要深入了解 Web 3 技术，并想成为一名优秀的 Web 3 产品经理的人学习。无论你是初学者还是有经验的产品经理，都会从这本书中获得很多有价值的知识。我强烈推荐这本书，所有从事 Web 3 产品经理工作的人员都可以从中受益。

——中国民营科技实业家协会 Web 3.0 专业委员会联合发起人及常务副会长　吴高斌

从理论到实践，本书全面讲解了 Web 3 产品经理必知必会的技术，值得读者学习和参考。

——产业基金管理人　粗院长

本书系统地梳理和介绍了 Web 3 产品经理应学的核心知识，对读者快速理解和实现 Web 3 产品很有帮助。

——自由共识发起人　刘昌用

产品经理只有具备了产品能力和产品思维才能打造出体验超出预期的产品，进而在激烈的竞争中脱颖而出。我推荐刘涛老师的《Web 3 产品经理必修课》，希望读者在阅读此书后都能有所收获。

——碳链价值创始人　王立新

《Web 3 产品经理必修课》全面阐述了 Web 3 产品经理需要掌握的知识和技术，对于试图了解 Web 3 的产品经理来说，是一本很好的指南。

——蓝狐笔记创始人　蓝狐

很多传统互联网行业的产品经理在初次接触 Web 3 产品时，会面临思维范式上的重大"重构"。无论是新概念、新术语，还是新架构、新技术，都为有志于设计出色的 Web 3 产品的人增添了较为陡峭的学习曲线。刘涛所著的《Web 3 产品经理必修课》，内容丰富、条理清晰，是产品经理、技术人员、爱好者等入门 Web 3 的"好帮手"。

——公众号"刘教链"的主理人，北京航空航天大学软件学院前特聘教授　刘教链

Web 3 时代的数字钱包、金融与社交、NFT 及 DAO 具有数据为主、去中心化的特性。本书提供了做好 Web 3 产品的知识和技术。

——CGV 联合创始人　任铮

本书基于 Web 3 中区块链、智能合约和数字货币等核心知识，结合案例，详细阐释了

产品设计、去中心化、密码学、数字货币等关键概念，帮助读者全面理解 Web 3 技术，为想要从事 Web 3 工作的读者提供宝贵的指导。

——中伦律师事务所的合伙人　樊晓娟

刘涛潜心研究区块链和 Web 3 技术多年，对这个技术有深刻的理解，他的《Web 3 产品经理必修课》是一本开拓读者视野、启迪读者思维的杰出之作。本书系统全面地介绍了 Web 3 的核心概念、技术原理、应用场景，并配有大量实践案例，是一本理论和实践完美结合的佳作。作者还以构建数字货币钱包、交易所、区块链浏览器等为例，逐步讲解 Web 3 产品的设计方法，这是本书的重要亮点。这是一本 Web 3 领域的经典之作，适合 Web 3 领域的从业者、企业家和技术爱好者参考。读完这本书，你将对 Web 3 有一个全新的认识。

——加拿大北美区块链基金会主席　覃文延

·前言·

我的名字叫刘涛，大家都喜欢叫我"涛哥"，我还有一个绰号叫"大桃子"。

时光荏苒，转眼已经从业许多年了。2006年，那时的我刚踏入职场，开始了在基础软件领域的研究与开发，接触的第一个软件产品是有着近千万行代码的OpenOffice。在那一段时期，我对软件开发充满了好奇心，那也是我自认为技术上成长很快的时期。每当我想起与行业专家以及国家相关部门领导一起撰写国家标准的时候，与国内外开源的专家同台演讲的时候，带着团队将数万行代码贡献到开源社区的时候，我觉得，我是对技术有很大贡献的人。

后来，随着技术的不断发展，我逐渐进入了互联网行业，见证了它的飞速发展和变革。2016年，我第一次接触到了区块链技术，进入了Web 3世界的大门。

Web 3的浪潮正席卷而来，我们也正站在数字化时代的风口上。这本书是我在与互联网、区块链和Web 3相关的技术领域的从业和学习过程中积累的经验和心得的凝结。在本书中，我尽可能全面地讲解Web 3的核心理念和其多种产品形态，从理论到实践，为读者揭示Web 3的发展之路，并尝试重新定义产品经理在Web 3中的作用。

在写作本书的过程中，我特别感谢我的妻子和孩子。他们不仅是我写作路上的支持者，也是在生活中给我鼓励最多的人。他们的支持和陪伴，让我能在夜深人静的时候静下心来思考，并将这些年的从业经验和感悟融入文字中。我也特别感谢我的职业生涯中的引路人元道先生，他像一座灯塔，照着我在浩瀚无边的Web 3世界中不断前行。正是因为有了他们，这本书才得以与读者见面。

最后，在这个快速变化的时代，愿我们都能保持初心，继续探索，共同前行。本书献给我的父母、妻子、孩子，以及每一位为了理想而奋力前行的逐梦人。

刘涛

·目录·

第 1 章　下一代互联网的核心角色 ——Web 3 产品经理

谷歌趋势显示，从 2022 年年初开始，Web 3 的搜索热度呈十倍以上的增长。长远来看，Web 3 的价值和发展潜力都非常大，Web 3 有可能开启的是人类和机器大规模协同的"新世界"。

那么，作为一名 Web 2.0 的产品经理，面对 Web 3 的到来，将如何延续自身价值？如何入行或转行成为一名 Web 3 产品经理？投身 Web 3 后会发生什么样的变化？成为一名 Web 3 产品经理要掌握什么技能？下面让我们一起来寻找答案。

1.1　什么是 Web 3 产品经理，其与 Web 2.0 产品经理有什么异同

在谈什么是 Web 3 产品经理之前，我们需要重新对产品经理建立一个清晰的认识，毕竟 Web 3 看起来只是产品经理的一个定语。

产品经理（Product Manager，PM）的一般定义：产品经理也称产品企划，是指在公司中针对某一项或某一类的产品进行规划和管理的人员，主要负责产品的研发、制造、营销等工作。如果用更为简练的话定义，产品经理是为终端用户服务，负责产品整个生命周期的人。

如果说产品是被用来满足用户某种需求的东西，那么产品经理就是对这个东西的生命周期全权负责的人。

上面这个定义略显抽象，我们来看看伟大的产品经理们都是怎么说的。

Steven Sinofsky 曾经是 Windows 的产品经理，他说："优秀的产品经理都将自己看作工程师和设计师的结合体，他们认为开发一款产品就是一个学习、说服、记录、改良循环往

复的过程。在产品经理的内心，他们清楚如何获取数据，如何判别哪些数据是重要的，需要凭借哪些数据来全面地展开工程研发。产品经理最大的特质应该是'同理心'，无论是面对工程开发人员、管理人员，抑或是客户。"

微信的产品经理张小龙说："产品经理需要了解人性，提高自己的艺术品位，做工匠而非设计师。"

推特的产品经理 Satya Patel 说："产品经理不是一个职位，也不是一个功能，它其实是一组技能。这些技能能够移除路障、润滑齿轮，让团队里的每一个专家都能够发挥他的长处。此外，产品经理需要平衡使用者、公司与团队三者间的需求，做出巨大的牺牲来使全体往前推进。某种程度上来说，产品经理非常像 CEO（Chief Executive Officer，首席执行官），很少有人会说一个团队里不需要有一个 CEO，而产品经理其实就是产品的 CEO。"

这些产品经理所谈论的概念都还停留在 Web 2.0 的范畴。Web 2.0 产品的生命周期基本上分为分析、定义、设计、开发、发布、迭代这 6 个步骤，如图 1-1 所示。在这 6 个步骤中，产品经理需要做产品分析与行业分析、用户画像、需求以及可行性分析、产品目标定义、功能设计，以及交互设计、视觉设计、技术理解、项目管理、产品运营策略、数据分析等主要工作。

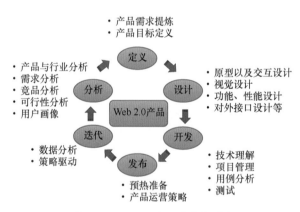

图 1-1　Web 2.0 产品的生命周期

而 Web 3 产品侧重的不再是 Web 2.0 产品生命周期的 6 个步骤，而是建立在去中心化的思想上，以共识为核心，以激励为引擎，以开放、无信任、无许可为特点，以区块链、分布式网络、边缘计算、人工智能等技术为基础，以人和机器大规模协同为表现形式，以服务社群为主要价值的产品形态，如图 1-2 所示。

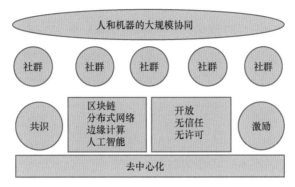

图 1-2　Web 3 的产品侧重

Web 3 产品经理将基于去中心化、共识、激励、社群等相关技术来构建合适的产品形态。如果说 Web 2.0 的产品设计很多时候需要考虑面对的用户，那么 Web 3 的产品设计在最开始就要考虑好所有的相关利益者的相互关系，甚至是人与机器的关系。

Web 3 产品经理除了要具备 Web 2.0 产品经理的能力外，还要具备更多方面的知识，包括协议设计、密码学、经济学、区块链、通证经济学、安全（用户隐私安全和资产安全）、增长营销、社群运营等。Web 3 产品经理要重点思考去中心化的思想和用不同的技术解决生产关系的问题。

1.2　Web 3 产品经理的工作内容

Web 3 产品经理是一个很新鲜的职位，Web 3 的产品大多数都与区块链技术有关。如果说区块链技术的发展是源于 2008 年比特币的出现，那么以区块链技术为基础的 Web 3 产品的出现源自 2014 年以太坊的诞生以及 2016 年 HyperLedger（超级账本）项目的建立。2016年，由于数字货币的飞速发展，区块链技术的应用首先进入了金融领域。

在早期"公链乱象""百链齐发"的阶段，Web 3 产品经理并没有什么发挥空间，商务人员和市值管理团队即可运作项目。因此，产品经理的工作主要集中在算力设备、交易所、钱包、浏览器的设计上。BaaS（Blockchain as a Service，区块链即服务）在那个时期也仅是以概念和 Demo（演示）的形式出现，距离商业落地还十分遥远。2019 年之后，联盟链得到了国家层面的重视，因此 To B（对公业务）和 To G（对集团业务）的产品逐渐有了用武之地，产品经理也逐渐开始转型成为解决方案工程师。随着公链、跨链、Layer2、DeFi、NFT、GameFi 等的发展，Web 3 产品经理的工作内容丰富了很多。

2018 ~ 2022 年这几年时间里，相关人士经过对区块链技术在各个行业应用的探索和尝试，把 Web 3 的产品总结为以下几个形态。

（1）区块链基础产品"三大件"：钱包、交易所、浏览器。

（2）以硬件为基础的产品：机器及管理软件。

（3）以数字资产为基础的产品：量化产品、资管平台、DeFi、NFT，以及其他可以构建数字货币经济模型的产品。

（4）以链为基础的产品：BaaS、联盟链、DAPP、预言机、跨链桥等。

（5）以内容为基础的产品：媒体、知识付费、社区社群。

（6）以数据为基础的产品：链上数据分析、链外数据交互、跨链数据安全、分布式数据存储。

（7）以社群为基础的产品：DAO。

（8）以行业应用为基础的产品：一系列 Web 3 的应用。

以行业应用为基础的产品，也许还要经过较长一段时间才能够出现。为了清晰地了解 Web 3 产品经理需要做哪些工作，我们来看看具有代表性的 6 个 JD（Job Description，工作描述），这 6 个 JD 基本涵盖了目前 Web 3 产品经理，以及区块链产品经理所需要做的一般性工作。

JD1：（某区块链头部集团）

岗位职责：1. 负责区块链基础产品、行业应用产品的策划和迭代；2. 负责选型和设计适用于行业场景的区块链产品，并推动应用和方案的落地实施；3. 负责梳理产品需求、明确产品功能、撰写产品文档、设计产品原型、跟进产品交互设计 / 研发上线；4. 对 BaaS 相关产品有深入了解的优先考虑。

任职要求：1. 计算机相关专业毕业优先，两年以上区块链行业、物联网行业的从业经验；

2. 至少负责过一个完整的区块链项目；3. 熟悉 ETH、BTC 等主流区块链产品的框架和技术特点及低代码开发；4. 对区块链的智能合约、交易流程等有深入的研究和了解；5. 逻辑能力强、责任心强、推动力强、有主人翁意识、表达沟通能力优秀、具有团队合作精神。

JD2：（上海万向区块链）

岗位职责：1. 根据业务需求，负责梳理产品需求、明确产品功能、设计产品原型、撰写产品文档、跟进产品交互设计、产品研发并上线；2. 与一线解决方案团队紧密配合，负责设计适用于客户应用场景的区块链产品和方案，并推动区块链应用与解决方案的落地实施；3. 负责产品数字化运营，监控产品产生的数据，并对数据进行分析和统计，持续改进产品，解决用户痛点；4. 持续分析行业趋势、客户案例、竞争产品，不断提高产品的差异化竞争力。

任职要求：1. 本科及以上学历，具有 3 年以上互联网产品相关工作经验；2. 熟悉至少一种主流区块链框架和技术特点，如 Hyperledger Fabric、Ethereum、Bitcoin；3. 有区块链、to B 或 to G 经验者优先，有大型产品管理经验或政府项目实施经验者优先；4. 较强的逻辑思维及总结能力、沟通表达能力优秀；5. 责任心强、推动力强、有主人翁意识、具有团队合作精神。

JD3：（某交易平台）

岗位职责：1. 负责 DeFi、NFT 产品及行业的研究、需求分析、产品规划；2. 负责包括资产看板、NFT、钱包等产品的落地、优化、迭代；3. 对团队其他成员的产品文档、功能设计、交互设计等环节进行把关；4. 负责产品全生命周期的管理，并制定数据分析指标，对日常数据进行跟踪研究，定期分析结果。

任职要求：1. 3 年以上互联网产品工作经验，或 2 年以上区块链相关工作经验，计算机、金融专业背景者优先，有 DeFi 产品相关工作经验者优先；2. 有国际背景，海外工作、学习经历者优先；3. 熟悉 Ethereum、Solana、Polkadot 等主流区块链产品的框架和技术特点；4. 思维活跃，逻辑条理清晰；5. 有较强的组织能力，能有效带动团队成员合作产出；6. 擅长数据分析。

JD4：（中国信息通信研究院）

岗位职责：1. 负责区块链产品的解决方案和产品架构的规划和设计；2. 策划产品功能、输出产品原型、与技术团队对接、主导产品功能的推进和验收；3. 负责对国内外行业相关产品持续地跟踪和分析、掌握业界新的产品动态；4. 协调技术团队及项目管理者以确保产品功能特性和交互符合产品需求文档的要求。

任职要求：1. 计算机相关专业、硕士以上学历、3 年以上互联网产品工作经验；2. 熟悉主流区块链（如以太坊等）常用技术原理和应用场景；3. 具有区块链系统架构设计经验或对部分区块链项目有深入了解；4. 具备区块链数字身份（SSI）、分布式标识符（DID）和 KYC（Know Your Customer，客户认证）等项目经验者优先；5. 了解区块链协议、加密技术、共识算法、智能合约等基础知识者优先。

JD5：（某创业公司）

岗位职责：1. 负责基于区块链技术衍生的产品 DeFi、NFT 的研究分析及其生态产品的发展规划，设计产品模型；2. 通过调研和数据等分析竞品，提供产品的研发建议；3. 设计产品的数据统计及分析方案，提升产品竞争力。

任职要求：1. 本科及以上学历，有金融领域相关从业经验，了解去中心化金融；2. 熟悉区块链领域产品类型及经营模式、熟悉 DeFi、了解数字资产和交易；3. 对区块链、金融领域、数字货币有独到见解，对公有链、私有链、联盟链、DeFi、NFT 等有独立的思考和观点；4. 了解一个主流的 DeFi 项目，如 Uniswap、Sushiswap、Curve、AAVE、MakerDao、Compound、Liquity 等。

JD6：（腾讯）

岗位职责：1. 负责腾讯云区块链 BaaS 平台（TBaaS）的产品设计和规划、推动产品的迭代升级；2. 负责选型和设计适用行业场景的区块链产品，并推动区块链应用和解决方案的落地实施；3. 负责撰写产品文档，对产品需求、产品功能、交互设计等环节进行把关。

任职要求：1. 3 年以上产品策划或项目管理经验、有平台型产品策划经验；2. 熟悉 Hyperledger Fabric、Ethereum、Corda 等主流区块链产品的框架和技术特点；3. 责任心强、积极主动、善于沟通、具有团队合作精神；4. 有区块链解决方案、区块链产品设计或其他区块链相关工作经验，通过腾讯云技术认证或同等资格认证的优先。

实际上，Web 2.0 产品经理这样的角色在 Web 3 项目中并不常见，而协议研究工程师、社区领袖、设计师、合约开发工程师和社区运营人员则十分重要。例如，我们要创建一个 DeFi 协议，只需要一个对经济学有研究的协议研究工程师；要创建一个合约，只需要一个合约开发工程师；如果要做一个 NFT 项目，则只需要社区领袖、设计师和社区运营人员。

目前，Web 3 产品经理每天的工作很可能是这样的：他会先在 Discord 以及 Twitter 上的产品社区进行社群需求收集、分析用户情绪，然后再花一些时间协调智能合约的审计工作；与合约开发工程师以及协议研究工程师合作，创建有效的 Token（一串符号）经济激励机制；使用 Dune、DeFi Plus 等区块链上分析工具进行产品和行业的研究并形成数据报表。

1.3　准备成为一名 Web 3 产品经理

知道了什么是 Web 3 产品经理，以及 Web 3 产品经理需要做的各种工作以后，下面我们就来介绍一下成为一名 Web 3 产品经理需要的步骤。

第一步，准备工具。我们都知道，Web 3 是以数字资产为"硬通货"，并以钱包地址为最简单的身份标识。因此，我们在进入 Web 3 时，需要准备一个钱包，拥有 Discord、Twitter、Telegram 账号，准备一些主流区块链上的数字资产，如 ETH、BNB、SOL 等。

第二步，观察项目。我们可以先到 B 站（哔哩哔哩网站）、Twitter 上面搜索 Web 3、NFT、DAO、DeFi、GameFi 等关键字，通过关键字可以找到不同的 Web 3 项目，然后在不同的项目中找到自己感兴趣的项目，访问项目主页，创建一个 Discord（一种账号），并每天观察项目的变化。

第三步，建立连接。我们通过不同的社交工具与项目的创建方建立连接，在连接过程中与他们进行沟通，解决自己在观察项目时遇到的问题。此时我们能够深入理解项目的原理，同时，也会有判断，这个项目值不值得继续研究。

第四步，参与工作。我们经过一段时间的观察以后，觉得某项目值得参与，就可以参与到项目中成为社群人员。一般来说，一个 Web 3 的项目总会需要社群人员去协助项目方做一些任务，一是用来积累用户，二是用来测试产品的运行情况。

我们参与几个 Web 3 项目以后，基本上就已经算是打开了 Web 3 的大门了。进入 Web 3 大门之后，在进行 Web 3 产品的设计时，我们仍然需要 Web 2.0 产品经理的经验。下面结合前文中提到的 6 个 JD 并根据产品生命周期来说明成为一名 Web 3 产品经理时要做的转变。

第一，在分析和定义产品阶段，我们要充分并成体系地理解与区块链技术、密码学以及经济学相关的知识。在前文提到的 JD 中，我们可以看到任职要求里面几乎都包括了要求产品经理熟悉主流区块链产品的框架和技术特点。主流区块链产品包括 Bitcoin、Ethereum、Polkadot、Hyperledger Fabric、Corda、Solana、Diem 等，在这些产品中，Bitcoin 和 Ethereum 是产品经理必须熟悉的。在设计产品的过程中，产品经理需要充分理解区块链技术的特点，应该能够理解代码实现的项目中的功能。

第二，在设计和开发产品阶段，产品经理先要理解需求并能够根据需求做技术选型；然后就是去思考中心化和去中心化的技术分别应用于项目哪些模块、相关利益者的不同需求如何权衡与取舍。与 Web 2.0 项目不同，一个完整的 Web 3 项目就是一个闭环的经济系统，这就要求产品经理需要有设计闭环经济系统的能力，包括盈利模式和用户增长。另外，在这个阶段产品经理还要做到有效的项目管理，因为一个成功的 Web 3 项目都会与一个开源社区相关，Web 3 项目需要管理并推动这个社区活动的工程师。

第三，在发布和迭代产品阶段，Web 3 产品经理的工作将转移到运营上来，围绕在开发阶段实现的闭环经济系统创建运营策略、规则、活动等。

1.4 Web 3 产品经理的必备技能

一名 Web 3 产品经理需要懂技术、懂用户、懂产品、懂金融、懂运营。

首先，在区块链的知识层面，Web 3 产品经理需要对核心概念、技术特点、数字资产、应用落地、政策风险等方面有准确的理解。在核心概念方面，Web 3 产品经理至少需要知道什么是数字货币，什么是去中心化，区块链有哪些特点；什么是区块链的区块、节点、高度；什么是比特币，比特币与区块链有什么关系；什么是智能合约、共识机制、隔离见证；什么是钱包、地址、公钥私钥；什么是算力。在技术特点方面，Web 3 产品经理至少需要知道现在有哪些主流的区块链技术；区块链的数据结构是怎么组成的，数据存储在哪里，如何存储数据并保证数据安全；共识机制大致有几种，都有什么区别；区块链为什么会分叉，什么是 51% 攻击；区块链中的密码学的应用；区块链是如何做到数据共享和不可篡改的；区块链的性能瓶颈是什么，如何提高效率，什么是二层网络；什么是公链、私链、联盟链，如何搭建区块链。

在数字资产方面，Web 3 产品经理至少要知道数字资产与区块链的关系；数字货币的价值本质、特点；CDBC 和 DCEP 是什么；数字货币对现有金融体系的影响；什么是 ICO、IEO、STO、NFT 等；币市和股市的异同等。在应用落地方面，Web 3 产品经理至少应该了解区块链应用的发展历程、现状和成功案例；区块链技术所适合的行业以及如何进行通证经济改造；全球区块链应用的市场规模和应用场景；国内已备案的区块链案例；区块链能给实体经济和社会带来什么样的影响等。在政策风险方面，Web 3 产品经理需要充分理解不同国家或地区出台的区块链相关政策。

其次，在密码学的知识层面，Web 3 产品经理需要了解古典密码学、现代密码学；需要知道哈希函数、对称加密、非对称加密、量子密码学的概念；对安全技术知识［如数字签名和数字证书、公钥基础设施（PKI）、布隆过滤器、零知识证明、同态加密］有正确的理解。

最后，在金融学的知识层面，Web 3 产品经理需要了解金融以及金融系统的概念，包括金融系统中的资金流动、金融市场类型等；需要了解债券与股票，包括债券的基本概念、账面价值与市场价值、当前收益率与到期收益率等；需要了解期货与期权的一般概念，投资组合理论与资本资产定价模型，风险管理等。

当然，Web 3 产品经理要具有 Web 2.0 产品经理的基本能力，包括 Web 2.0 的产品设计思维、交互设计、增长策略制定、用户体验设计、项目管理等。

由此来看，想要成为一名 Web 3 产品经理也并不是一件容易的事情。下面介绍一下 Web 3 产品经理面试的问题。通常来说，Web 3 的相关产品都诞生于创业型公司，这类公司还没有形成完善的面试流程，有些面试可能不需要 HR（人力资源）的介入，应聘者直接与面试官谈。大多面试官比较钟情于问 4 类问题：第一类问题问的是应聘者的经历，面试官会问应聘者做过哪些产品，在做产品的过程中遇到过哪些挑战，通过这类问题，面试官可以了解到应聘者的知识面是否够宽，应聘者处理问题的能力是否强；第二类问题考查决策能力，因为 Web 3 项目中不会有强大的数据库去支持管理者做决策分析，管理者获取到的决策数据很少甚至获取不到数据，因此，在没有足够数据的支持下，如何决策非常重要，面试官会问应聘者如何保证自己做的产品设计决策是正确的；第三类问题问的是应聘者在加密货币领域的经验，参与社群的经历，甚至是应聘者拥有多少个 NFT 等，面试官会通过这类问题了解应聘者对这个行业到底有多热爱；第四类问题考查应聘者具有的技术和业务能力，例如，面试官会让应聘者回答某个区块链基础架构的特点或者某个 DeFi 协议的具体内容及改进建议等，有时，面试官还会给应聘者留一个作业，一般是设计一些产品的功能。

下面是一些 Web 3 产品经理的入门级的面试问题，大家可以参考。

问题 1：请说一下至少两种 Blockchain（区块链）的异同？

回答参考：可以从共识算法、开发语言、使用场景、特性、智能合约这几个方面来做简要的回答，如表 1-1 所示。

表 1-1　不同区块链的简要对比

名称	共识算法	开发语言	使用场景	特性	智能合约
Bitcoin	POW	C++	公有链	UTOX	很弱
ETH	POW	Go	公有链 / 联盟链	Account	很强大
Hyperledger	PBFT	Go	联盟链	分层设计 Membership、Blockchain 和 Chaincode	能够支持
Solona	POH	C、C++、Rust	公有链	具有 8 个核心的创新点	合约代码和状态不在区块链上存储

对表 1-1 简要说明如下。

Bitcoin 是最早的区块链，其使用 POW（工作量证明）的共识算法，平均情况下可以实现每秒 7 笔交易，每 10 分钟出一个区块，区块大小为 1MB。

ETH（以太坊）是第二代区块链的代表，其使用 POW 的共识算法，平均情况下 15 秒出一个区块，每秒可以实现几十笔交易，区块大小无限制。

Hyperledger 是一个带有可插入各种功能模块架构的区块链，其更像是一个框架，使用多种共识算法，主要有 3 种服务：Membership 用于管理账户、Blockchain 用于分布式记账、Chaincode 用于智能合约，其本身没有比特币的属性。

Solana 是一个新兴的高性能的公有链，它提供了快速、便宜且可扩展的交易体验。它基于哈希的时间链与状态更新解耦，不是将每个区块的哈希链接在一起，而是网络中验证者持续在区块内对这些哈希本身进行哈希。它支持使用 Rust、C++ 和 C 语言来编写智能合约。

当然，如果在这道题中，你还能写出关于 Avalanche、Fantom 以及 Diem 的特性，将能得到更高的分数。

问题 2：请给出智能合约的一个实际例子，并说明它与传统合约有什么不一样？

回答参考：我们可以从是否代码实现、基础性、安全性、预测性、经验、成本和未来几个方面来做说明。表 1-2 展示了智能合约和传统合约不同之处的对比。

表 1-2 智能合约和传统合约不同之处的对比

	是否代码实现	基础性	安全性	预测性	经验	成本	未来
智能合约	代码实现	基于软件定制	无法篡改可能面临基于计算机技术的攻击	僵硬、固定、自动化	经验少、实践少，不成熟	成本低、容易管理	可能会大面积使用
传统合约	非代码	基于法律、规则定制	面临法律、法规的约束，有人为控制和改写风险	灵活，但可能会误判、漏判，非自动化	经过多年的推敲，成熟	成本高、难于管理	逐渐被智能合约取代

以飞机延误险种为例：航空公司和乘客之间"制定"一个智能合约，航空公司将延误险所涉及的费用在账户中冻结，如果飞机延误，降落时间晚于约定时间，则航空公司钱包（账户）中的延误险费用就会自动转给乘客。

传统合约的操作方式：乘客先购买延误险，然后等飞机降落后，拿着保单去保险公司确认飞机降落时间以及保单内容，再后由航空公司与保险公司进行信息确认，最终完成延误险支付操作。

问题 3：给定任意一个哈希算法，如 SHA-2，是没有、不可能、很难、还是相对容易

找到碰撞（关于哈希碰撞的详细内容，读者请参考其他资料）？这对区块链有什么影响？

回答参考：对于任意一个哈希算法，例如，区块链中常用的 SHA-256，都很难或者不可能找到一个碰撞。

说到对区块链的影响，我们需要提到一个哈希指针的概念，哈希指针是一种数据结构，是一个指向数据存储位置以及位置中数据的哈希值指针。哈希指针不但能够告诉我们数据存储的位置，还能够告诉我们这个位置的数据是否被篡改过，也就是可以明确某个时间戳下该数据的哈希值的指针。通过哈希指针构建的链表，实际上就是区块链。

问题 4：请比较 Proof Of Work 与 Proof Of Stake，除了这两种之外，还有什么共识机制？

回答参考：Proof Of Work 为工作量证明机制，简称 POW，基本思想是工作越多，贡献越大，具体表现形式是通过计算找出满足条件的随机数，这个随机数在数学方面有严谨的推演，可以动态调整计算难度。

Proof Of Stake 为权益证明机制，简称 POS。基本思想是让在网络中拥有更多权益的人有机会在更短时间里做更多的计算，产生更多的价值。它类似股权凭证和投票系统，因此也叫"股权证明算法"。POS 首先选出"记账人"，由"记账人"创建区块。这是因为"记账人"拥有网络中更多的权益，因此会更积极地维护网络的权益，且害怕作恶后被惩罚，损害自己的声望和财产。"权益值"的计算方式有很多种，比较典型的是"币龄"，也就是持有资产的数量和时间。例如，某人拥有该网络中的许多资产，而且持续了很长时间，那么他的权益值就比较高，所以权益证明机制鼓励人们持有资产、不断增值、维持权益。

除了 POW、POS 以外，还有 DPOS、PBFT、POH 等共识机制。目前，许多公有链（简称公链）开发团队创建了不同特点的共识机制，各有利弊。

问题 5：你认为区块链最好与最差的应用场景分别是什么？

回答参考：区块链应用场景就目前而言分为两大类，一类是以虚拟资产为基础标的物的应用，例如，数字货币、流媒体文件、数据资产等，我们可以称之为数字原生应用；另一类是以实体资产为基础标的物的应用，类似于物品溯源、供应链等，我们可以称之为数字孪生应用。

就区块链的应用而言，并没有最好最差之分，只有适合不适合之分。但对于数字原生的应用，其未来的应用场景很可能是更加丰富的。

不同行业的适用性也不同，数字原生应用适用于金融证券类行业以及带有支付属性和数据确权、流通、交易的场景，如跨境交易、资产证券化、数据交易、所有权转让等。

数字孪生应用适用于食品溯源这类场景。

区块链应用在以上两类场景，可以建立信任体系。

问题 6：你手下有两个技术人员（a 和 b），昨天早上系统还好好的，下午，a 或 b 托管了代码，之后两个人都回家过年了，晚上老板打来电话说，系统宕机了，如果你只有时间打一次电话，请问你打电话给 a 还是 b？

回答参考：这是一个典型的决策问题。解答决策问题的关键在于是否能够全面地思考问题。

如果我们能够给 a、b 同时打电话，用一种工具或用两部电话给 a、b 同时打，在双方都接通的情况下，最终以电话会议的形式沟通解决问题；在只有 a 接通的情况下，则与 a 沟通解决问题，如果问题是 a 引起的，则由 a 解决，如果问题是由 b 引起的，要询问 a 是否能解决，如果 a 能解决，则 a 解决，如果 a 不能解决则再想办法联系 b。

如果我们不能给两个人同时打电话，则需要用以往的工作经验来判断给谁打电话，主要判断因素：1. 问题可能是由谁引起的？ 2. 谁在解决问题的能力和经验方面更强？ 3. 谁接电话的可能性更大？ 4. 谁具备处理问题的环境？表 1-3 给出了打电话的决策参考。

表 1-3 打电话的决策参考

问题引发可能性	经验能力	接电话可能性	具备处理问题环境的可能性	决策
a	a	a	a	a
a	a	a	b	a
a	a	b	a	a
b	a	b	b	b
a	b	a	a	a
a	b	a	b	b
a	b	b	a	b
b	b	b	b	b

当我们打了电话后，会有几种情况：无法接通、接通不能处理、接通能处理。接通能处理的情况下，则处理问题，在无法接通或者接通不能处理的情况下，则需要给另一名技术员打电话。给另一名技术员打电话也同样存在无法接通、接通不能处理、接通能处理的情况。

问题 7：请介绍一个 DeFi 协议，如果要让你对这个协议做一些改进，你会怎么做？

这个问题的前半部分比较容易回答，我们可以有选择地介绍一个 DeFi 协议，如Uniswap，但是谈到对协议做改进则难度就提升了。

回答参考：比较熟悉的 DeFi 协议是 Uniswap，Uniswap 是一个点对点的协议，用于在以太坊区块链上交换加密货币（ERC-20 代币）；该协议可实现为一组持久的、不可升级的智能合约，具有抗审查性、安全性；Uniswap 的具体实现方式是采用智能合约来预先定义某个具体交易对的价格曲线。Uniswap 目前已经发展到了 3.0 版本。改进建议：Uniswap 是一个相对成熟的协议，我们可以尝试改进它的治理范围。

问题 8：如果让你设计一个 GameFi 产品的经济系统，你会重点关注哪一方面，为什么？

回答参考：重点关注经济规则的制定，因为一个好的 GameFi 产品的生命周期应该是足够长的，GameFi 中的数字资产，无论是 NFT 还是 FT 都将进入一个良性循环而不应该进入带有欺骗色彩的恶性循环。

1.5　Web 3 产品经理的未来

我们可以把 Web 3 的基础设施从下到上分为存储、时间及状态、计算、组建、管道及传输、端及控制、基础应用这几个部分。当前，Web 3 的基础还在构建之中，仍然处于早期阶段，并不完全成熟。

存储指的是分布式、去中心化存储，比较典型的有 IPFS 协议下的 Filecoin、Arweave、Swarm、Storj 等；时间及状态部分主要就是各类公链；计算部分则有 EVM 和 WASM 等；组建部分包括 DID、DDNS、去中心化查询，比较有代表性的项目有 ENS、TheGraph 等；管道及传输部分则主要是侧链、二层网络、状态通道；端及控制部分中侧重用户的使用部分，包括钱包、交易所、浏览器、数据分析等；基础应用则是 DeFi、GameFi、媒体等。

　　虽然 Web 3 的发展还处在初始阶段，但是区块链技术已经可以赋能金融、司法、版权、溯源、医疗、教育、政务等方面。未来，当 Web 3 的基础设施逐步成熟，配套的基础生态也基本完善后，将可以迎来"Web 3+"的浪潮。正如互联网发展到今天已经和各行各业深度结合，Web 2.0 的产品经理可以细分为互联网金融产品经理、电商产品经理、社交产品经理等，未来，Web 3 产品经理也会有更多的细分。

第 2 章　产品设计的灵魂
——产品思维

一个好的产品应该是有用的，能够解决某个问题；是易用的，用户不用看产品说明书就可以使用；是有创意的，在产品里面有创新的东西；是"诚实"的，产品在功能上不带有任何欺骗性等。好的产品在各个方面都能够体现其价值。那么，产品经理要设计一个好的产品，就必须有一个好的且完备的产品思维。

产品经理的产品思维就是一种解决问题的综合思维。产品经理的思考框架都可以抽象为 4 个部分，分别是发现问题、分析问题、解决问题和产品化。在 Web 2.0 时期，产品经理的思维中最重要的就是用户思维，因为产品的主要用处是服务用户，这也就是说在 Web 2.0 时期，分析问题是做产品的关键步骤，问题分析清楚了，解决问题和产品化都是顺理成章的；而在 Web 3 中，产品经理需要具有相关共利益者的思维模式，产品的用处不仅仅是服务用户，更多的是为相关共利益者带来价值。也就是说，从设计 Web 3 的产品开始，产品经理就要考虑如何用产品去构建一个经济体，如何平衡相关共利益者，并能让大家都有所得。那么，在 Web 3 里，分析问题是关键，解决问题则变成了核心。

2.1　一道考验产品思维的开放性题目

判断一名产品经理是不是具有良好的产品思维并不是一件简单的事情，我曾经面试过许多产品经理，这些产品经理在产品设计的方法论和基本功方面都表现得很出色，但是在产品思维上的差距就比较大了。为了充分地体现产品经理的产品思维，我出了一道开放性的题。题目是这样的：

"某一个海岛是旅游胜地，现在需要你在这个海岛上建造一个餐厅。请说一说建造这个餐厅的整个过程。注意：这个过程是从有建造餐厅的想法开始到这个餐厅可以开门营业的全过程。整道题需要分为 3 步来解答。第一步：提出问题，没有数量限制，并且可能得不到答案；第二步：设计并建造餐厅直到可以开门迎客；第三步：餐厅运营，在这个阶段，需要提出一些赚钱的方法，以及会使用哪些运营策略。"

这道开放性的题可以从产品和商业两个方面验证产品经理的产品思维。

前面提到，产品经理思考框架的 4 个部分是发现问题、分析问题、解决问题和产品化。我们现在就以思考框架为依据对这个开放性题进行"拆解"。

我们在回答时，对于第一步"提出问题，没有数量限制"的解读就是在提出问题和分析问题。那么，第一个提出的非常重要的问题就应该是"为什么有建造餐厅的需求，建造餐厅能解决什么问题"。该问题在得到肯定的回答以后，就进入了分析问题的过程。分析问题，直接对应产品分析工作，例如，可行性分析、需求分析、用户画像、竞品分析、市场分析等，我们可以问："这个海岛的属性是什么（包括地理位置、大小、气候、交通情况、风俗习惯等）？来这个海岛上旅游的人有多少，他们来这个海岛的目的是什么？主要是为了看风景还是饮食或交友？平均旅游的时间有多长？人群属性是什么样的（年龄、性别、国籍、收入情况等）？岛上是否有居民，有多少？这个岛上还有没有其他餐厅，其他餐厅是什么样的？等等。"因为提出问题的数量没有限制，也就是说可以将分析问题工作做得非常充分。

第二步：设计并建造餐厅直到可以开门迎客。这一步就是解决问题的部分，我们要解决的问题就是建造餐厅，所以比较好回答。例如，"我要在这个海岛的码头和酒店之间的某一个地方，建造一个 3 层共 300 平方米的中式餐厅"。在这个过程中，涉及的关键点有选址、建筑规模、定风格等。这些工作做完之后，餐厅就可以开门迎客了。

第三步：餐厅运营。赚钱的方法和运营策略可以有多种，那么，如何保证一个在旅游区新开的餐厅能够赚钱并吸引更多游客呢？很多人能说出非常多的运营方案，但是很少有人能够把握住问题的关键点——收支平衡。因此，一个比较好的回答是，先确定好定价策略，然后根据食材和工人的成本计算出盈利点，再根据盈利的情况进行运营投入。

2.2　产品思维的金科玉律

产品思维从产生到成熟大致经过 4 个阶段。

第一个阶段：我有一个"好点子"，按照"好点子"画产品的原型图，并且自认为按照原型图设计的产品是个好产品；第二个阶段：我开始有了需求思想，在用产品实现需求的过程中会想到，设计的产品能够满足人们的哪些需求；第三个阶段：进入理性分析阶段，这个阶段我会关注产品的各个功能，开始关注解决问题的方法；第四个阶段：成熟阶段，这里我除了思考产品的功能，还会考虑市场运营、商业策略和产品的生命周期等。

在建立产品思维的过程中，我们要遵守 9 条金科玉律。

第一条：反复确定需要解决的根本问题。例如，老板让你在招聘网站上登记招聘信息，然后你就开始在各个招聘平台注册账号、录入信息，忙活了挺长时间，终于把招聘信息登记了，但是老板对你做的这些仍然不满意。这是因为你对根本问题没有把握清。在各个招聘网站上登记招聘信息并不是根本问题，根本问题是招人。在理解到这个根本问题后，你就可以根据职位描述有目的地寻找候选人，例如，优先利用自己的渠道、朋友圈去解决这个问题。

第二条：建立闭环思维。例如，一款产品的支付具有接入第三方支付的功能，如可接入微信、支付宝以及数字人民币，但对于接入不同的支付方式的实现都需要做哪些必要的工作却没有交代，例如，资质的开通、研发对接等，这就是典型的思维不闭环。

第三条：注重交互的简约化和细微化。简约化是指能一步完成的操作绝对不用两步。细微化是强调交互的低耦合，任何一个微小的交互都尽可能实现闭环。

第四条：建立良好的体验感，并且足够直接。例如，滴滴打车 App，乘客用 App 支付完成时，App 会发出一个类似把铜板装到钱袋里的提示音，司机只要听到这个非常舒适的声音就可以判断乘客已经支付成功，这种体验就是良好的，直接的。

第五条：沉浸到场景中去体验产品，而不是想象。这一条我们在产品设计初期很难做到，只能凭借想象，但也可以模拟一些类似的场景进行试验。

第六条：做一个有"颜值"的产品。这一条强调视觉设计，例如，对于流行的 NFT，用户可能是冲动型的，只因为某一个 NFT 的设计让用户愉悦，用户就购买。

第七条：利用数据和用户反馈来判断产品的生命周期。任何产品都有生命周期，每一个产品经理都希望自己设计的产品的生命周期能够长久。当产品的用户数增长放缓，用户对产品的正反馈减少、负反馈增加时，产品经理就需考虑对产品进行转型或迭代升级了。

第八条：产品能够实现自我传播。拼多多的自我传播就做得比较好，它的传播方式能在极短的时间内获得许多用户。我们除了借鉴拼多多的传播方式，为产品营造一种极度的稀缺性也是非常有效的传播方式。

第九条：做出产品文化。这是建立产品思维的金科玉律中最难的一条。企业文化成功与否，要看它能否融入企业员工的心；产品文化成功与否，主要是看它能否融入用户的心。当一个产品已经被符号化并且总能很自然地让人们想到它时，它就已经成了一种文化。例如，微信、抖音、美团外卖、大众点评等，这些产品都已经被符号化，并且拥有了自己独特的文化。

2.3　现实与理想的差距

我们经常听到一种说法："理想很丰满，现实很骨感。"产品经理在做产品设计时也是这样，尤其是在初创公司或者像 Web 3 这样的新兴领域，现实情况通常是不尽如人意的。

一个产品经理首先要做的就是把产品从第 0 版，做到第 0.1 版。为什么是从 0 到 0.1，这是因为初创公司或新兴领域的第一版上线产品，很可能对用户影响很小，或许有那么一点影响，影响范围也不大。在 Web 3 中做产品，这种情况可能非常普遍。

也许，你是老板聘请的产品负责人，正踌躇满志地想要在公司大显身手，如确定产品方向，制定产品路线图，设计产品的交互原型，仔细研究产品的分辨率，思考用户体验以及用户增长的方法。最后你发现，你想要做的老板都不太喜欢。

在现实与理想差距过大时，为了把产品做成功，我们需要注意以下几个方面。

1. 一定要想尽一切办法让老板定调

产品的运营、宣传口号，以及面对的用户群等这些必须让老板确定下来。公司做出的产品应该有特色，在某一个细分领域有影响力。

例如，2017 年，我们在加密货币领域做一款工具型产品，产品的核心功能是建立群聊。在定义产品功能时，老板要把微信、微博、今日头条、银行这些产品的功能放到我们的产品里，但是，我们的产品的用户定位是 To B 还是 To C 还没有确定。研发人员就此抱怨说："我只知道我们现在这个版本的产品是什么样子的，不知道两个月以后这个产品是什么样子的。"营销人员抱怨说："我不知道我们的产品的用户定位是什么，给用户都讲不清楚。这样做出来的产品肯定不行。"因此，必须让老板给产品定调。定调的几个关键点：产品受众，是 To B、To C 还是 To G，也就是产品服务的是哪类人群；产品属性，是媒体、社交、工具还是娱乐等；产品目标，是想要用户数、日活，还是要影响力等。

2. 做好项目管理，轻谈用户体验

产品从 0 到 1 被实现时，产品经理重点考虑的是如何及时把产品做出来，先不要重点考虑怎么包装它。一些产品经理习惯追求产品的用户体验，例如，对于产品的"等级评价"的呈现形式，产品经理反复纠结是用五角星还是桃心来呈现，浪费了许多时间。产品经理协调好资源尽快把产品完成一个版本，这才是正确的做事方法。

轻谈，也不是不谈。例如，对于类似微博中"关注"和"取消关注"的两个按钮，虽然"关注"和"取消关注"字数不一样，但是产品经理也不能把这两个按钮做得大小不一样，否则，只能说明你实在是太不专业了。

3. 界定产品边界，不思考增长模式

不管老板对产品的定位准不准，产品一旦进入设计阶段，就意味着产品边界的确定。这个时候的产品经理，必须心里很清楚地知道这个产品现在是什么样子，未来是什么样子。而且，产品经理也必须清楚地知道某个版本的产品必须有什么功能，没有什么功能，性能如何。

第3章 交互设计策略
——简和微

在讲交互设计策略之前，我们需要明白：什么是交互？什么是交互设计？什么是交互设计策略？交互，一般指的是人和机器或其他人造物之间的信息交换。交互设计就是设计信息交换的方式，使之能够完成某项任务。交互设计策略就是能够精准、快速、低成本地完成这项任务的方法。

这里强调的是，交互设计的参与方包括人与机器或其他人造物这些角色。人与花草树木的信息交换则不属于交互。矿泉水瓶是人造物，人打开矿泉水瓶盖就是一种交互行为，对人打开矿泉水瓶盖的一系列动作的设计就是交互设计。

我们知道了交互和交互设计的基本概念以后，就很容易知道，在不同的产品中什么是好的交互设计，什么是不好的交互设计。在这里我们只讨论"人机交互"，尤其是与泛互联网技术相关的交互设计。

大家都非常认可苹果产品的设计，尤其是 iPhone 的人机交互设计做得非常好，如图 3-1 所示。在 iPhone 的经典交互设计中，iPhone 屏幕下方有一个滑动解锁的设计。这个设计使小孩子也能够成功解锁手机。这意味着用户使用这个设计呈现的功能几乎不用投入任何学习和理解的成本。

Web 3 的产品的交互逻辑还没有成熟，因此这对产品经理既是一个挑战，也是一个机遇。在交互设计的策略中，我们将重点放在两个方向：一个是交互设计的简约化，另一个是交互设计的细微化，也称为"微交互"。

图 3-1 iPhone 经典交互设计之一

3.1　简约化

在实现交互设计简约化的过程中，我们要遵循 4 个策略：删除、组织、隐藏和转移，这也是英国交互设计专家 Giles Colborne 撰写的《简约至上》中的核心内容。

交互设计简约化的目的是要让用户可以扔掉产品使用说明书，让设计的产品满足两点，一点是能满足用户约定俗成的习惯，另一点是符合用户的思维定式。

用户可分为专家型、随意型和主流型这 3 种。

专家型用户愿意探索、研究产品，并提出自己的想法和意见，希望看到为自己量身定做的产品特性。

随意型用户又称为滞后型用户，他们虽然思想比较保守，但是也有意愿接触更高级、更复杂的产品功能，只是不愿意接受全新的事物和技术。要想获得他们的认可，新功能则必须足够简单，学习成本足够低。

主流型用户，是占据用户总数比例最大的用户，他们不是为了技术使用产品，而是使用产品满足自身的需要。

因此，交互设计能否让产品高效、便捷地完成主流型用户的任务和目标，就成为产品能否吸引更多用户的关键。

我们来举一个例子，假设现在要让你设计一款手机，你会怎么做？大家首先想到的可能是苹果、小米、三星、华为等手机的设计，然后会基于这些产品的设计加入自己的想法，认为手机应该满足某种需求。这个设计的实现很容易，每个人都会。但苹果公司有一项试验，就是融合 3 种类型用户的需求设计出一款 iPhone，如图 3-2 所示。

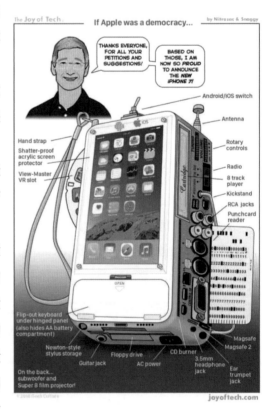

图 3-2　融合 3 种类型用户需求设计的 iPhone

这款 iPhone 宛如一个怪物。显然，这并不是我们所需要的手机。因此，产品设计应遵循简约化的策略。

3.1.1 简约化交互设计策略之一——删除

简约化交互设计的第一个策略就是删除，意思就是将产品中无用的或使用率低的功能或者服务进行删减，保留用户使用频率高、有用的功能或服务。这样不仅能让用户更加关注产品的核心功能或服务，还能减少产品的非核心功能或服务对用户造成的干扰。

一个专门跟踪 IT 项目的机构 Standish Group 在 2002 年发表了一份研究报告，报告显示：64% 的软件功能使用极少。

因此，对产品的功能做减法则成了每个产品经理在做产品设计时的必修课。近些年来比较流行的 MVP 产品理论强调的是专注产品的核心功能，取消产品的次要功能。对产品核心功能的优化和迭代应多于增加新的功能，就是对产品功能做减法的一种实践。

例如，我们日常使用的微信，它从最初以"对讲机"为核心的功能逐渐发展为以社交功能为核心，几乎是在我们"无感"的产品迭代中实现的，微信每一个版本的迭代都是让核心功能满足更多用户的需求。产品只有保证了核心功能或服务的质量，才能够吸引更多的用户去关注围绕核心功能扩展出来的功能或服务。当然，对于产品中一些不尽如人意的功能或服务，我们应该直接取消，因为不尽如人意的功能或服务不仅会给用户带来负担，还增加了维护产品的成本。

此外，我们对产品还应做视觉设计上的删减。这意味着用户看到并要处理的产品信息变少了。用户能够把注意力集中到真正重要的产品信息上。产品中复杂的视觉元素（广告、线框等）、冗余的（解释性）文字都会分散用户的注意力，从而导致用户流失。反之，清爽、干净的软件界面，则会吸引住更多的用户。

3.1.2 简约化交互设计策略之二——组织

对于产品设计而言，产品经理需要组织的有产品的功能和内容，以及用户使用产品的行为、视觉等。

（1）围绕产品的功能和内容进行组织。产品经理把产品的功能和内容按照既定的规则进行分类，然后重新组织，并以模块的形式进行排列和展示。分模块时要遵循米勒定律——"7±2 法则"（人的瞬时记忆能记住 7 个左右的东西）。分模块的前置条件是符合产品的分类规则。

（2）围绕用户使用产品的行为进行组织。在围绕用户使用产品的行为进行组织之前，我们首先要理解用户的行为——用户用产品来做什么。例如，一般用户购买电商产品的行为是登录、搜索、浏览、选择、把商品加入购物车、收藏商品、购买、设置收货方式和收货地址、支付、查看订单。产品经理按照这种用户行为进行组织设计，则可以让用户很方便地完成购物。

（3）围绕视觉进行组织。销售人员会通过时空、形状、大小、网格、层次、颜色、图标等方式将产品的界面、功能向用户展现，便于用户发现产品有价值的内容和信息。例如，地图 App 视觉设计上使用色标，用户很容易通过 App 知道哪里是酒店，哪里是医院；再如，我们把需要用户去操作的产品的功能按钮放置到更显眼的地方，并按照产品的尺寸去调整按钮的大小和颜色，以方便用户使用。

3.1.3　简约化交互设计策略之三——隐藏

产品设计的隐藏策略要遵循一个标准：这个功能虽然不常用，但是不能缺少。该策略的作用就是把那些使用频率低，但又不满足删除条件的产品的功能进行合理优化，从而让出占用的空间给更重要的功能。例如，产品的个性化设置不会经常改变，因此非常适合把这个功能隐藏。隐藏策略的核心要点是彻底隐藏，巧妙出现。办法有以下几种。

（1）渐近展现。通常，一个产品会包含少数核心的供用户使用的功能，另有一些为专家用户准备的扩展性功能，隐藏这些扩展性功能是保持设计简约性的不错的选择。产品经理在向用户展现产品时可先展现产品的基础功能，如果基础功能无法满足用户，产品经理可提供高级功能给用户使用。比较常见的例子是产品的"更多"按钮的设计，大多用户在使用各种手机 App 软件时，App 上默认的显示菜单或者功能模块一般都能够满足用户的需求，当用户有更多的需求时，可以点击 App 上的"更多"按钮。

（2）阶段展现。我们除了在产品中的某个部分隐藏功能，还可以随着用户逐步深入产品界面而展示相应的功能。例如，用户一开始只使用简单的文本框来搜索产品的功能，如果效果不好，用户还会在搜索的结果界面上查看排序的选项。

（3）适时出现。产品经理将功能进行隐藏，在适当的时机把产品的功能展示给用户。例如，微信的"接龙"功能就是一个典型的适时出现的设计；还有英文阅读类的 App，用户在 App 上双击单词时会出现单词的中文解释。iPhone 有一个适时显示的功能是用户点击任意一个时间文本，则弹出日历。

（4）提示与线索。隐藏的完美设计在于当用户需要产品的功能时它会自动出现，用户不需要时完全感觉不到产品还有这样一个功能。隐藏处理得好的产品界面会给人一种优雅的感觉：界面中包含的线索尽管细微，却能恰到好处地提示出隐藏功能的位置和功能。

综上所述，我们在设计产品时，可以更多地去设计一些细微的线索，细微的线索足以提示出隐藏的产品功能。

3.1.4　简约化交互设计策略之四——转移

转移被称为简约化交互设计策略中的"骗术"，因为这种设计是将产品的功能和元素从本产品向其他设备、平台转移。

（1）设备之间的转移。设备之间的转移比较常见的例子是文档浏览与编辑。一般情况下我们使用手机的文档浏览功能，却不使用手机的文档编辑功能，因为手机屏幕小，我们会选择在同类产品的 PC 版本上编辑文档。再如，现在智能设备的遥控器的按键基本已经被精减为 4 个方向按键和一个确认按键，这就是把原本复杂的方向按键和其他功能性按键转移到了智能设备上。

（2）平台之间的转移。任何设备都有自己的长处和不足，有时把一个设备上的某项任务的某些部分转移到不同的平台上的设计，可以提高用户的工作效率。

3.2　微交互

在交互设计细微化的实现过程中，我们需要重新定义交互设计闭环。交互设计大师

Dan Saffer 所倡导的是触发器、规则、反馈、循环与模式。微交互提倡交互设计的积极性和愉悦性。

3.2.1　细微化交互设计闭环之一——触发器

触发器就是能够启动细微化交互的设置。使用触发器的规则有两点:(1)触发器必须让用户在使用产品时认出来其是触发器,(2)保证触发器每次都触发相同的动作。

触发器有两种类型,分别是手动触发器和系统触发器。

(1)手动触发器。由用户触发,交互的方式可以是控件、图标、表单、声音、触摸或手势。手动触发器一般包含 3 个部分:控件、控件状态、文本或图示标签。例如,iPhone 的滑动解锁控件,随着这个控件状态的改变,iPhone 上的文本提示相应地会消失。再如 iPhone 中微信聊天记录的 item 控件,如图 3-3 所示。向左滑动 item 控件后,文本和图示标签会显示: 标为未读、不显示、删除。

图 3-3　iPhone 中微信聊天记录的 item 控件

(2)系统触发器。系统触发器会在某个或某些条件具备时触发。系统触发器无须用户介入,满足一定的条件就会自动触发。一个典型的例子就是当我们打开某快递 App 时,若 App 检测到剪切板中有地址信息或快递单号,则会触发自动填写功能。

我们在设计触发器时,需要注意触发器必须能在特定的上下文中让用户联想到它是触发器。同样的触发器每次都应该执行同样的操作。如果触发器看起来像按钮,那么它就应该像按钮一样可以被点击。产品上用户使用频率越高的交互,其触发器应该越引人注目,一般也要用菜单项表示出触发器。在触发器无法传达所有必要信息或者有必要消除歧义时,我们可以使用标签,标签上应该有通俗直白的文字,而且文字要简洁明了。

3.2.2 细微化交互设计闭环之二——规则

微交互的核心是由一组规则组成的，对设计师规定了什么可以做，什么不可以做，以什么顺序做。产品经理不要试图从零开始设计一个微交互，要以对用户、平台、环境的了解为基础，致力于改进产品的微交互。产品经理其他要做的事情就是去除产品交互的复杂性，精减控件、文案、标签等。

3.2.3 细微化交互设计闭环之三——反馈

我们在微交互中设计反馈的目的，是帮助用户理解微交互的规则。与讲究实用的触发器和对应规则的控件相比，反馈可以作为一种体现微交互乃至整个产品个性的手段。反馈还可以给用户营造出轻松的氛围。例如，一些互联网产品的加载页面，加载时间较长，导致用户放弃，而一个设计良好的加载交互会让用户保持耐心，从而降低用户跳出率。

另外，人们一般都会通过感觉来接受反馈，主要的方式有视觉、听觉、触觉。绝大多数的反馈属于视觉反馈，例如，颜色变化、明暗变化、大小变化等。听觉反馈是指人们听到的声音，声音是一种有效的提示方式。触觉反馈即产品发出的各种类型的振动。

3.2.4 细微化交互设计闭环之四——循环与模式

模式是规则的一个分支，对微交互而言，模式应该尽可能少用。例如，我们的手机都有静音模式、勿扰模式等，在这些模式下，各种交互都有新的规则。需要注意的是，只有产品的某个动作干扰到交互规则时，我们才需要设计新的模式。例如，我们在手机上用视频软件看视频，在全屏模式下，交互规则就发生了变化：在屏幕左侧用手指上下滑动表示音量增减，在屏幕右侧用手指上下滑动表示屏幕明暗的变化，在屏幕左侧用手指长按表示快退，在屏幕右侧用手指长按表示快进，在屏幕中间用手指来回拖动表示把视频拉到某一个时间点进行播放。图 3-4 展示了视频在全屏播放模式下的交互规则。

循环就是不断重复一段时间的交互，通常用来扩展交互的生命周期，这个交互设计需要确定循环的次数，以达到最佳的用户体验。

图 3-4　视频在全屏播放模式下的交互规则

第 4 章 产品设计的核心 ——用户体验

用户体验就是用户在使用产品的过程中产生的感受，这个感受是主观的、直接的。不同的用户对产品的感受有所不同。感受的好与坏是决定用户是否还继续使用产品的一个因素。根据用户的需求以及技术的发展，产品的用户体验也在不断地向更好的方向发展。用户体验的设计主要体现在改进和升级两个方面。例如，产品的操作从 3 步减到 2 步，产品的界面清晰度从标清到高清，产品的响应速度从百毫秒到十毫秒等，这些都是改进；而产品的通信方式从有线到无线，产品的输入从输入指令控制到声音、手势控制，这些都是升级。

4.1 用户体验的多重认知

用户体验这个词最早被广泛认知是在 20 世纪 90 年代中期，由用户体验设计师 Donald Norman 提出。他指出真正优秀的产品体验设计，需要把 "关注审美与情感" 的传统设计思维与 "关注社会学与前沿技术" 的当代设计思维结合才有可能实现。后来，由于计算机技术的发展，人机交互渗透到人类活动的方方面面，用户体验则更多的是指在人机交互的过程中，用户的主观感受。

不同的人对用户体验有着不同的看法。

ISO 9241-210 标准将用户体验定义为人们对于使用或期望使用的产品、系统或者服务的认知印象和回应。

信息架构之父 Peter Morville 在他的关于用户体验设计的一书中提到了信息架构的 "三环模型" 和用户体验的 "蜂窝模型"。图 4-1 所示的是由内容、情景和用户组成的三环模型。蜂窝模型则包含了有用性（面对的用户需求是真实的）、可用性（功能可以很好地满足用户需求）、满意度（情感设计的方面，如图形、品牌和形象等）、可找到（用户能找到他们需求的东西）、可获得（用户能够方便地完成操作、达到目的）、可靠性（让用户产生信任）、价值（产品要为投资人产生价值）这 7 个方面，如图 4-2 所示。

图 4-1　信息架构的"三环模型"

图 4-2　用户体验的"蜂窝模型"

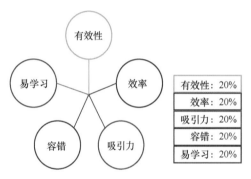

图 4-3　用户体验的"5E 原则"

著名用户界面设计师、设计过程顾问和可用性专家 Whitney Quesenbery 提出了"5E 原则"，认为用户体验包含 5 个方面：有效性（实际可以等同于可用性或者有用性）、效率（产品应该能够提高使用者的效率）、易学习（学习成本低）、容错（出错后系统恢复原状的能力）、吸引力（让用户舒适并乐意使用），如图 4-3 所示。

百度产品前副总裁俞军说："我理解的用户体验是让用户付出最小成本满足需求。"微信创始人张小龙说："个人对产品体验的目标是，做到'自然'。"也有人说，用户体验不仅体验的是产品，还是产品背后的一系列价值以及与用户情感能共鸣的部分。还有人说用户体验就是使用产品本身以外，用户产生的感觉，用户体验是一种感觉，是一种价值。又有人说，好的用户体验需要具备控制感、归属感、惊喜感和沉浸感。

总结一下，微观层面的用户体验可以从两个角度来说明，一个是操作行为的角度，另一个是心理感受的角度。操作行为的角度注重可用性和易用性，心理感受的角度则注重感官和价值。宏观层面的用户体验则产生于用户与公司、产品、服务、销售所发生的一切互动。

4.2　什么是好的用户体验，如何评价

好的用户体验至少应该具备以下 3 个因素。

（1）可用，就是让用户通过产品做他想做而能够做的事情。这是用户体验的基石，是产品的基本能力，是产品所包含的功能和性能能否满足用户需求的"能力"；体现在功能是否完备，性能是否达标。产品不可用就谈不上用户体验了。

（2）易用，易用的内涵是指产品的设计符合用户的心理预期或高于心理预期，并且用户操作产品的步骤简便，用户易于操作产品。产品在可用的基础上能够实现用户体验顺畅、自然、闭环、容错。

顺畅有两层含义，一层是交互顺畅，指的是用户在使用产品的过程中每一次与产品交互都能够及时得到响应；另一层是逻辑顺畅，指的是用户使用产品的每一个步骤都符合逻辑，不缺少关键步骤也没有多余的步骤。

自然，指的是符合直觉。"自然"并不只是在交互等体验上的体现，更是一种思维方式。一个好的用户体验的设计，需要有一种符合"自然"原则的建模方法。

闭环。用户体验的闭环主要强调两个方面，一个是流程闭环，指的是用户在使用产品流程的任意一个位置都能够知道下一步该怎么做，如何返回上一步。另一个是功能闭环，功能闭环指的是用户能够对功能的控制应付自如。例如，产品有绑定账号的功能，就应该有解绑的功能；有发布内容的功能，就需要有删除或撤回内容的功能。

容错也有两层含义，一层是被用户误解后的容错，也就是说，用户偶尔因为对产品功能的理解有偏差而产生的错误操作，不会对最终结果造成严重影响；另一层是用户执行操作后的容错，指的是用户对产品执行了模糊或不精准的动作后，依然能够得到正确的结果，例如，产品的手写识别和语音识别功能，容错性好的产品可以识别用户的连笔字和带口音的发音。

（3）满意，用户的满意来源于产品是否可用、是否易用。除此，还包含产品在视觉以及其他感官或者价值、情感等方面的表现，例如，当用户与产品发生情感关联时，用户有归属感和获得感。

用户体验的评价是一个不容易量化的过程。我们在评价用户体验时，实际上评价的是

产品自身。除了上面讲到的是否可用、是否易用、是否满意这 3 个维度，影响用户体验的还有文化背景、环境因素等其他方面。

著名的用户体验的评价方法就是 Jakob Nielsen 提出的可用性标准，也被称为"尼尔森十大可用性原则"。

1. 系统可见性原则

系统保持界面的状态可见，变化可见，内容可见。如用户在网页上做任何操作，不论是单击还是按下键盘，页面应即时给出反馈。

2. 贴近场景原则

产品的功能描述用用户的语言和用户熟悉的概念，而不是专业术语。产品的功能操作符合用户的使用场景。

3. 可控性原则

用户经常错误地选择系统功能，因此离开该功能的"出口"需要有明确标识，如撤销和重做的标识。

4. 一致性和标准化原则

功能、操作保持一致。

5. 防错原则

更用心的设计防止错误发生，例如，用户要删除某项时，产品给出提示信息告诉用户删除某项可能造成的后果。

6. 协助记忆原则

尽量减轻用户对操作目标的记忆负荷，用户不必记住一个页面到另一个页面的信息。系统的使用说明应该是可见的或者是容易获取的。

7. 灵活高效原则

允许用户对产品进行频繁的操作，同时产品经理可以高效地获得用户的反馈。

8. 审美和简约设计原则

不应该包含无关紧要的信息。

9. 容错原则

产品产生的错误信息应该用文字（不要用代码）较准确地反映问题所在，并且提出一个建设性的解决方案。

10. 人性化帮助原则

为用户提供必要的帮助文档，文档的任何信息应容易被搜索。帮助性提示的方式有：一次性提示、常驻提示、帮助文档。

4.3　用户体验要素的经典模型

著名的用户体验咨询专家 Jesse James Garrett 建立了一个用户体验要素的经典模型，如图 4-4 所示。这个模型包括了 5 个层次，分别是战略层、范围层、结构层、框架层、表现层。这个模型是 PC 互联网时代的产物，主要针对的是当时的网站设计。从这个模型的诞生到如今已经过去了几十年。虽然 PC 互联网时代已经过去，但是这个模型仍然具有一定的学习和参考意义。

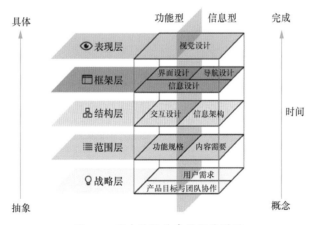

图 4-4　用户体验要素的经典模型

4.3.1　战略层

战略层思维导图如图 4-5 所示，战略层分为 3 个部分，第一个部分是站在用户视角上的用户需求。用户需求用来明确那些将要使用我们产品的用户想从我们这里得到什么，他们想达到的目标，如何满足他们所期待的其他目标。在用户需求部分，我们需要做 3 件事。

第一件事是用户细分，可运用人口统计学、心理图谱等方法去解决。第二件事是可用性和用户研究，可做一些市场调研、现场调查、任务分析和用户测试的工作。第三件事是创建人物角色，也就是我们经常提到的用户画像。

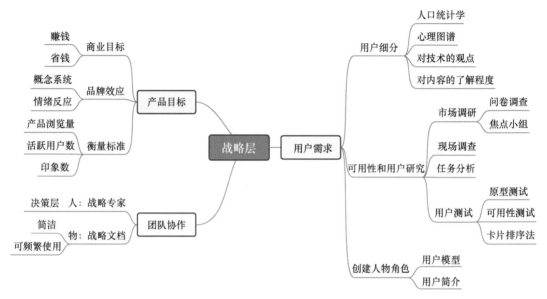

图 4-5　用户体验要素的战略层思维导图

第二个部分是站在产品设计者视角上的产品目标。产品目标可以分为商业目标和品牌效应，商业目标具体表现为赚钱和省钱。品牌效应，具体表现为用户对品牌的认知和情绪反应。衡量产品目标是否成功的标准可以是 PV（Page View，页面浏览量）、DAU（Daily Active User，日活跃用户数）和印象数（广告使用户产生印象的展示次数）等。

第三个部分是团队协作，在讨论产品战略的阶段，不仅需要战略专家进行必要的战略决策，还需要业务精英提出具体的执行方法，才能为产品实现打好基础。

4.3.2　范围层

范围层思维导图如图 4-6 所示，进入范围层后，我们讨论战略层面的抽象问题："我们为什么要开发这个产品？我们要开发的是什么？"功能型产品，我们需要对产品的"功能组合"进行详细的描述。信息型产品，则要展示内容。

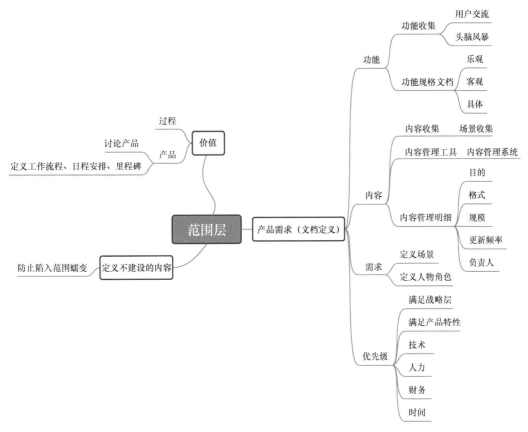

图 4-6　用户体验要素的范围层思维导图

　　范围层的定义有两层价值，一层是过程的价值，就是说定义范围层这件事本身是一个有价值的过程；另一层是产品的价值，是说这个过程能产生一个有价值的产品。具体的工作就是要用文档来定义产品需求，明确做什么，不做什么。

4.3.3　结构层

　　结构层思维导图如图 4-7 所示，对于功能型产品，用户体验要素的结构层包括交互设计以及概念模型，在这里我们定义可能的用户行为，系统如何响应用户的请求并进行错误处理，包括预防、改正和修复。对于信息型产品，用户体验要素的结构层则是信息架构，重点是合理安排内容元素以促进人类理解信息，包括认知结构、结构化内容、结构化方法、组织原则以及语言和元数据几个方面。

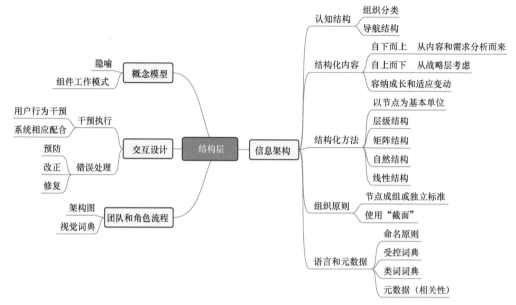

图 4-7　用户体验要素的结构层思维导图

4.3.4　框架层

框架层思维导图如图 4-8 所示。不管是功能型产品还是信息型产品，我们必须要完成界面设计、导航设计和信息设计。

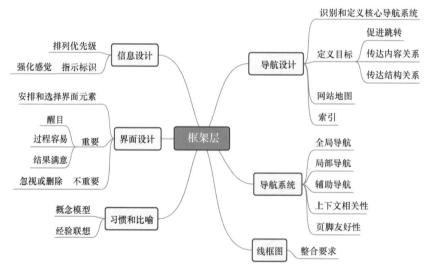

图 4-8　用户体验要素的框架层思维导图

　　界面设计就是要明确做哪些事，关注的重点是安排和选择界面的元素，以及定义重要（一眼能看到，过程容易，结果满意）的和不重要（可以忽略或删除）的事情。

　　导航设计就是要明确产品的操作步骤，重点是识别和定义核心导航系统，以及定义目标、网站地图等。

　　信息设计就是要传达想法，重点是关注强化感觉和排列优先级与指示标识。

4.3.5　表现层

　　表现层思维导图如图 4-9 所示，不管是功能型产品还是信息型产品，这里的关注点都是一样的：为最终产品创建用户感知体验。我们在表现层需要合理设计感知，包括视觉支持、外观结构、模块区别等。

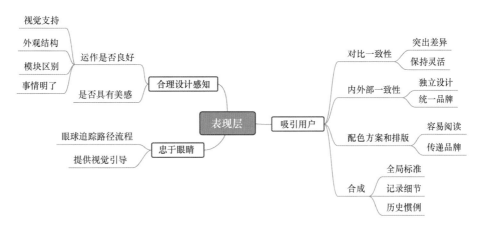

图 4-9　用户体验要素的表现层思维导图

　　以上就是 PC 互联网时代最经典的用户体验要素的 5 层模型。我们在这里介绍这些模型，并不是让大家生搬硬套，而是提供了一个经过许多年迭代的理论基础，帮助大家更好地理解用户体验。

第 5 章　场景设计的关键
——沉浸式思维

近些年来，"沉浸式"这个词颇为流行，它指的是从业者（或其他人）专心地干一件事而不被外界所打扰。我们在做产品设计时也需要具有沉浸式的场景思维，需要考虑用户实际使用产品时的场景。时间、人物、事件、环境、链接方式是场景设计的关键要素。

5.1　场景及 5 个关键要素

场景，最初是指戏剧、电影等艺术作品中的场面，泛指情景，指的是在特定的时间和空间内发生的行动，或者因任务关系构成的具体画面，是通过任务行动来表现剧情的一个个特定过程。从影视的角度来讲，正是不同的场景组成了一个完整的故事，不同的场景包含的意义也不一样。

进入互联网时代以后，场景则表现为与产品相关联的一种应用形态，我们称之为应用场景，例如，社交、游戏、支付等。

如今，被网络产品定义的场景，首先，以人为中心，依赖于人的意识和动作，同时强调体验；其次，场景是一种链接方式，链接人与人、人与物、人与事件或活动；再次，场景是一种表现形态，是一种信息或价值交换的表现形态或者是一种新的理念和模式的表现形态。

产品经理只有对应用场景的定义有了清晰、准确的认识之后，才能结合场景设计出好的产品，设计产品的同时也是在设计该产品应用的场景。

众所周知，记叙文有 6 个要素，分别是时间、地点、人物、起因、经过、结果；小说有 3 个要素，分别是人物、情节、环境。我们不妨借助记叙文或小说的要素来思考产品场景的构成要素。构成产品场景的要素至少应该有时间、人物、环境、事件。当然在设计产品的过程中，还有一个不可缺少的关键要素就是链接方式。这就是场景的 5 个关键要素。

时间：我们设计产品时应考虑用户在什么时候使用产品，起床时、工作时，还是锻炼时使用产品。以手机闹钟产品为例，一个好的手机闹钟产品不应该只是电子化的物理闹钟，应具有根据用户起床时的特殊场景或习惯而设计的重复提示或个性化提示等功能。

人物：产品的场景设计应符合使用该产品的人群的特征，为用户提供精准的个性化服务。例如，一些电商网站提供的推荐功能，我们在电商网站上浏览过的商品会在下一次打开电商网站时优先显示。

环境：我们设计产品时应考虑用户在什么环境下使用该产品，在办公室里、公交车上还是私人封闭空间等。不同的环境下，用户会对产品的使用产生不同的需求。例如，一些提供位置定位的软件产品会根据用户到达的不同地点而为用户提供不同的服务。

事件：我们设计产品时应考虑用户在使用产品过程中所发生的各种事件。例如，用户使用导航软件时可能会发生一系列事件，包括遵守交规、安全驾驶以及到达后停车等。

链接方式：我们设计产品时应考虑用户用什么样的方式与产品进行链接，进而产生人与人、人与物、人与事件或活动之间的交互。例如，用户可以通过语音与智能音箱链接，通过视频与家人链接等。

5.2　系统化场景设计

谈到产品的场景设计，产品经理就要为产品的系统化场景设计负责。

所谓系统化场景一般包含 3 个重要的组成部分：

（1）用户在什么样的场景下会需要我们设计的产品——用户场景；

（2）用户在某一个我们预先设定好的场景下会如何使用我们设计的产品——使用场景；

（3）如何让用户选择或者使用我们设计的产品——商业场景。

这里我举一个例子用以解释系统化场景设计。有一个产品（App）的使用场景是这样设计的：一个年轻人在周末通过 App 发布一个活动，其他用户通过这个 App 看到这个活动就可以加入该活动。产品经理为这个产品设计的使用场景的出发点在于满足用户参与社交活动的需求，解决用户想去参加某一项活动却找不到人的问题，解决很难快速发起一项多人参与的活动的问题。

但是，后来这个 App 的产品经理发现，其实这种使用场景是不存在的，主要有这样几个原因：第一，用户想参加活动是一个即时性的想法，也就是说希望能快速得到反馈；第二，一般的用户如果想找人一起活动，会直接到自己已有的社交软件上去找人；第三，提供活动服务的商家一般都会帮助组织用户；第四，地域性论坛、专项活动型论坛里已经有用户希望参与的活动的信息。

产品经理是基于自己的需求和想象，设计了一个想象中的用户场景，并没有清晰定义系统化场景中的用户场景。这个需求其实是个伪需求。

我们前面提到，用户场景是用户在什么样的场景下会需要此产品，那针对这个例子而言，这个用户场景的关键要素有 3 点：用户需要社交活动，用户需要找到合适的人，用户需要快速发起一项多人活动。那么在这些关键要素的作用下，产品经理要想让设计出的产品是可行的，应回答以下两个问题：

（1）目标产品是否能成为解决关键问题的最合理的产品？

（2）如果可以的话，市面上是否有其他备选产品可以使用？

很显然，这两个问题的答案直接说明了这个 App 的产品经理所设计的目标不能满足用户场景，因此并不是合适的产品。

再来谈使用场景，也就是如何使用这个产品，表面上看这是一个用户和产品交互的问题，但实质上，使用场景要直达用户的使用目标。就上面那个例子而言，用户有了那个 App 的产品经理设想的需求以后，会在 App 上注册信息、发布活动信息，最后就是等待其他人回复信息。后来我们通过数据对这个 App 进行分析发现，虽然此 App 的设计基于伪需求，但还是会有一部分用户在这个 App 上发布活动信息，这从某种意义上也印证了确实有与产品经理设想一致的用户需求，但用户数量比较少。

最后就是商业场景。当开发者把一个产品上线以后，立即就进入了产品的运营环节，在运营环节我们做的事情可以概括为拉新、促活、留存。当然最后还要建立一个良好的商业模式，形成商业营销的闭环。

上述案例是一个比较典型的没有进行产品系统化场景设计的失败案例。

5.3 培养场景思维，以场景为中心进行思考

在讲培养场景思维之前，我举一个例子。一个用户在使用某一款软件产品时，该用户在该软件产品上的账号被封了，被封账号的原因是，该用户在使用该软件产品时有违规行为。软件产品的商家在封这个用户账号的同时，也通过软件提供的提示信息告知该用户，如果用户对封账号这个事件有异议，可以在软件产品上通过"我的"→"申诉"这样的操作进行申诉，一个工作日后会得到申诉结果。

可现实是，该软件产品"我的"→"申诉"这个功能从来没有人成功使用过，原因在于用户的账号已经被封，用户还怎么能够使用产品上的功能？这个例子说明了产品经理在考虑产品使用场景的时候不够周全。

其实，培养场景思维最简单的办法就是"沉浸式换位思考"。这几个字说起来简单，但真正做到却没那么容易。这里需要建立以下几种思维方式。

（1）用穷举法尽可能地列出所有用户使用的场景。这里我们可以把场景看成是一个函数，把场景的 5 个关键要素看成变量。穷举并遍历所有可能的场景，并将每一个场景尽可能地描述清晰、完整。这个思维的建立是一个逐渐发散、迭代并趋于成熟的过程。

（2）进行角色互换。产品经理将人物要素作为变量，建立用户使用场景闭环，并想办法做沉浸式操作或真实操作。这是一个逐渐让产品经理变成产品使用者的过程。

（3）"添油加醋"但不要失真。我们都知道不同的作者有不同的创作风格，即使是同一个故事，不同的人写作也有不同的版本。这是一个让场景更有情感和价值，甚至更有趣的过程。

5.4 场景设计的关键步骤

5.4.1 场景定义

产品的每一个需求或问题的产生都会有一个用户故事，而每一个用户故事都是由一个一个的场景所组成的。所以，我们在做场景定义时，就需要将用户故事切分成一个一个的场景，加上场景的 5 个关键要素，形成场景卡片。

时间：描述具体的时间以及在这个时间点会影响场景的其他因素。

人物：描述什么人会处在这个时间和环境中。

环境：描述地理位置、周围环境、天气等。

事件：描述发生的事件，包括起因、经过和结果。

链接方式：描述在这个场景卡片中出现的人、物的联系，以及与另一个场景卡片的联系。

5.4.2　场景规划

在进行场景定义之后，我们很快就会发现产品的一些需求点，想到一些可以实施的解决方案。但是，这些需求点和解决方案不连贯、不详细，而且不能够形成闭环。此时就需要对场景进行规划。规划过程以"围绕核心场景、完善分支场景"为基本原则。

在场景规划阶段，我们要详细分析用户在特定场景的需求，通过预期用户的使用目标寻找下一个需求点。特定场景的应用解决方案就是做好产品或服务，为目标产品提供机会。

5.4.3　设计策略

经过前两步的实施，我们已经有了清晰连贯的核心场景、解决方案，也已经掌握了用户在特定场景下的需求和潜在需求。接下来就需要进行详细设计。在详细设计阶段，需要注意两个要点：有效率和有生命。

有效率表现为预判、替换、提示、执行。预判就是将预想到的用户的下一步行为前置到当前场景，方便用户能够直接操作。例如，每年淘宝搞"双十一"活动时，我们打开淘宝 App，它会弹出我们最近浏览的商品已经降价的信息，并引导我们直接去降价商品详情页面。替换是指当前场景下产品的某个功能的操作不再适合当前场景时，将其替换为其他功能的操作。例如，某阅读类软件，当用户第二次打开时会提示"是否显示到已阅读的位置"。这种设计虽然没有改变阅读场景，但是方便了用户通过滚动内容来寻找合适的阅读位置，提高了阅读效率。提示，指的是根据用户当前的操作行为为用户提供相关推送或提示信息，以辅助用户决策，提高使用产品的效率。例如，某酒店预订软件，当我们浏览了一些想要预订的酒店但还没有决定的时候，在产品页面的某个区域就会出现"你可能想要预订这家酒店"的提示并以不同的颜色或动画效果突出显示，以提高用户的操作效率。执行，指的是对于一些用户需求非常明确的行为，可帮助用户直接执行，提高操作效率。最常见的一个案例就是输入手机短信验证码，我们在使用一些软件时需要输入手机短信验证码。高效的设计一般是点击获取验证码以后，在输入框直接读取手机短信内容并将验证码填入输入框，而不需要用户打开手机短信记住验证码，再手动把验证码填入输入框这一系列的操作。

　　有生命则主要表现在细节或情感方面。产品的设计细节其实体现的是产品经理的"用心"。如图 5-1 所示，用户在登录 B 站时，B 站的细节设计显得颇具人性化且有趣，用户在 B 站上输入密码时，页面显示的动漫人物会做蒙住眼睛的动作。

图 5-1　B 站的细节设计

　　如图 5-2 所示，产品经理在 MetaMask 钱包产品中设计了一个小狐狸，它的头会随着鼠标指针的移动而转动，且小狐狸始终面向鼠标指针的方向。

图 5-2　MetaMask 钱包产品中的小狐狸的头像随鼠标指针移动而转动

情感则是要让用户对产品的功能产生惊喜。例如，Chrome 浏览器在用户处于离线状态时，为了不让用户无聊，窗口会出现一个恐龙跳的小游戏。

5.4.4　引导用户行为，固化习惯

完成前 3 步以后，产品的场景设计就完成了，接下来我们就需要引导用户开始使用产品，并通过特定的使用场景给用户一些强化，让用户在持续的场景使用的引导下养成习惯。

第 6 章　产品颜值的高低 ——视觉设计

我们想要让产品有较高的颜值，产品的视觉设计是关键。不过视觉设计是不分传统产品、Web 2.0 的产品还是 Web 3 的产品的。视觉设计的思路和方法论是互通的，只是在具体产品的执行上有不同侧重。

传统的产品设计通常都针对一个实体，设计师需要重点运用平衡、妥协、取舍等方法将优秀的方案和创意有效地表达在实体产品上，这种表达包括素描、色彩、平面构成、立体构成、形态设计、材料设计、人体工程学等。

互联网产品不一定是一个客观实体，设计师对互联网产品的设计需要重点放在开放、共享和利他的方面。开放指的是使用门槛低，共享指的是产品资源对于产品使用者的一种无差别的可获得性，利他则是指解决了用户之间信息不对称的问题。产品经理可以通过收集大量用户使用数据，对互联网产品进行敏捷设计，对设计进行快速迭代。

Web 3 产品一般具有分布式存储、点对点传输的特性。与 Web 2.0 产品相比，产品经理在设计和用户体验上遇到了新的挑战。这个挑战是如何在设计上只体现用户需要的信息而尽可能规避不需要的信息，并且从头至尾都能够让用户对产品有一致性和直观性的体验。Web 3 产品还需要给用户呈现一些安全可信、隐私保护等特征的元素。

6.1　视觉设计的核心内容

视觉设计的核心内容分为 3 部分：好看、易懂、好用。

好看，就是人们看着产品觉得舒服。不过，每个人的审美可能不一样，这跟每个人的成长环境、经历、生活习惯等息息相关。产品经理如果觉得不好把握人们对产品的审美，那至少应该能够判断一个产品的视觉设计是否符合基本的美学原理。例如，界面呈现的信息让用户第一眼感觉是否容易理解；相似信息是否保持整体性和一致性（大小、形状、色彩），相似内容（文字、按钮）要合理布局，有序排版，并表达清楚内容之间的关系，是从属关系还是平行、递进关系；信息指引是否精准传达，视觉的焦点是否在主要内容上；等等。

易懂，是指用户在看到产品之后就能立即了解产品具有的功能。在产品的视觉设计中，产品经理需要从用户需求、产品的目标进行思考，这样才能提炼出对用户有效的信息，然后通过设计表现出来。

好用，一般指的是产品的功能好用，这乍一看似乎跟视觉设计关系不大。但在实际设计中，为了能够引导用户，让用户的体验更流畅，在视觉层面上产品经理就需要思考并了解用户需求，让产品功能在视觉上有更好的表达效果。例如，产品颜色的变化、明暗的变化都可以给用户带来不同的体验效果。

6.2 视觉设计的 4 个标准

视觉设计的 4 个标准，分别是色彩、图标、按钮和排版。

在工作中，产品经理可能会遇到这样的情况：当视觉设计师将产品界面展示出来时，我们总是觉得界面不太符合要求，但也说不出来界面哪里不符合要求。这时产品经理会说："再改改产品界面吧。"但是视觉设计师会说："怎么改？改什么呢？我觉得挺好的呀。"争论到最后的结果就是，产品经理觉得视觉设计师的专业水平不行，而视觉设计师觉得产品经理在找茬。

其实，这是产品经理对视觉设计的标准把握不够造成的。下面从色彩、图标、按钮还有排版这 4 个方面来分析什么样的视觉设计才算是好的视觉设计，平时觉得"怪"但是不知道如何修改的原因是什么。

6.2.1 色彩

在产品设计初期，设计师最先考虑的就是针对产品整体应给予其什么样的颜色。大家都知道色彩根据亮度、色调的不同可以分为很多种颜色。这些颜色给用户带来的视觉感受是完全不一样的。比如绿色，带给用户清新自然、舒畅的感觉，蓝色则带给用户整洁、清凉的感觉。在设计产品时设计师就需要掌握不同颜色的特征。

图 6-1 所示的是一个色彩的意象尺，从图中我们看到色彩的意象尺可以大致分为柔和、生硬、动态、静态这 4 种。

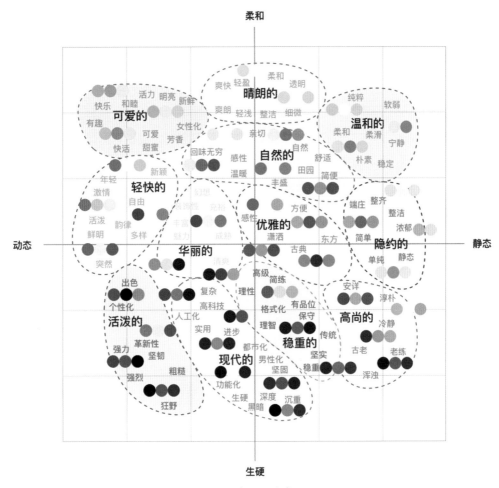

图 6-1　色彩的意象尺

我们在确定产品色彩调性的时候希望带给用户什么样的直观感受？是稳重？欢快？时尚？还是其他？这样我们就能很快地定义出产品的色调。举一个例子，产品经理提出要做一款高端大气的针对投资人的产品。视觉设计师在做产品设计时，选择了可爱的糖果色，产品呈现的视觉效果确实很好看，但这种效果跟产品针对的人群是格格不入的。因此，了解了色彩带给用户的直观感受后，产品经理就可以精准地说出产品设计的问题了。

6.2.2　图标

在产品界面中图标的运用也是非常重要的，图标的形状不同、质感不同，传递的效果也不一样。

图 6-2 所示的 3 种类型的图标，分别是蚂蚁链（偏金融类）的图标、天气预报类图标和工具类图标。经过对比我们可以发现：金融类的图标给用户专业、安全的感受，所以产品经理在设计图标的时候多运用直角，但是不能让用户觉得太尖锐，图标的线条粗细上会呈现得更柔和一些。天气预报类的图标希望给用户带来温暖和舒适的感受，因此产品经理运用的表现形式为色块图标，图标的形状也都是圆弧形的（看起来很和谐）。工具类图标就是想让用户在工作繁忙时快速按照图标找到想要使用的产品功能，这类图标从视觉感受上能够加快用户定位产品功能的速度，具有提高用户工作效率的特点。

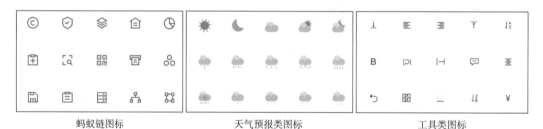

蚂蚁链图标　　　　　　　　天气预报类图标　　　　　　　　工具类图标

图 6-2　不同种类的图标

6.2.3　按钮

按钮是产品设计中出现频率最多的，代表了产品功能的行动点，所以产品经理要明确每个按钮的含义。

图 6-3 所示的是大家熟悉的 element 的 UI 组件按钮，这些按钮的样式不同，有颜色按钮、图形按钮、文字按钮等。在产品设计中，我们需要明确每个按钮的使用场景。比如有警告含义的按钮常常是红色的色块，红色可以警示用户。

图 6-3　element 的 UI 组件按钮

6.2.4　排版

对于排版,人们一般的认知是文字对齐、间距一致、图形大小一致、字体字号协调等。但是在有些场景下,排版是需要通过视觉矫正的。

如图 6-4 所示,我们看到的是两个代表播放功能的图标,如果用数字对齐的方式,也就是大家熟知的上下左右用像素对齐的方式,左边图标看起来就会不太舒服。现在右边图标中的对齐就是通过视觉矫正之后的对齐,这样看起来才会更舒服。

再比如,文字和数字混排时,数字和文字的大小如果选择同样的尺寸也会让我们觉得不太合适。如图 6-5 所示,上面的"文字 + 数字"的字号都是 60px 的,我们看着总觉得数字比文字要小那么一点点。把数字稍微放大到 64px,这样我们才觉得文字与数字的大小是一致的。

图 6-4　视觉矫正排版案例 1　　　　图 6-5　视觉矫正排版案例 2

6.3　Web 3 产品视觉设计要点

Web 3 产品的主要特点是安全可信、尊重隐私、数据呈现、内容跨越。Web 3 产品将前所未有地与数据及管理强相关。

Web 3 产品视觉设计的要点分为以下 3 个方面。

第一，信任，为得到用户信任而设计。大家都知道区块链是 Web 3 产品中的关键技术，因此，设计人员在做产品的视觉设计时，如何将区块链以可信的视觉形态表现就显得尤为重要，需要给用户可靠、值得信赖、稳定的视觉感受。

第二，一致性，一致性也是传统视觉设计原则中最基本的原则，一致性的视觉体验对于得到用户信任来说是至关重要的。因此，设计人员在视觉设计中用的颜色、文字、图标等都需要保持一致。

MetaMask Notification

请求签名

账户：　　　　　　　　　　余额：
toddliu.e...　　　　　　　0.104295 bnb

来源：　　　　　　　　　https://mirror.xyz

正在签名：

消息：
I authorize publishing on mirror.xyz from this device using:
{"crv":"P-256","ext":true,"key_ops":["verify"],"kty":"EC","x":"s4nVttcUemK7rEwgKtuenJ7Z8Vet-WwPSd-mh9zcrQg","y":"DKU1l_ZSzpVVXMrzuDugnJByQVUVOuN7cRSMcOFwRrU"}

取消　　　签名

图 6-6　用 MetaMask 钱包签名时弹出的签名框

第三，数据的展示，Web 3 产品中需要展示的数据比其他产品多，用户在 Web 3 产品中需要查看大量的数据，在这种情况下，设计人员就需要对数据的展示做特别的处理。例如，Web 3 产品能及时有效地展示地址、交易 ID、哈希等数据，而又不会干扰用户。

现阶段 Web 3 产品的视觉设计还有相当大的改进空间，因为有一些产品的视觉设计对用户显得非常不友好。例如，用户需要用 MetaMask 钱包签名时，弹出的签名框如图 6-6 所示，在这个签名框中用户几乎看不懂需要干什么，能做的只是去点击界面上出现的那两个按钮。

我们用视觉设计语言的 6 个维度来对 Web 3 产品的视觉设计提出一些基本建议。

形：具备金融属性，尽可能是有规则的几何图形；图标的风格与界面、色彩、线条等保持一致。

色：颜色在符合流行趋势的前提下，需要给用户带来安全感。

字：一般使用无衬线体。

构：可以使用叠加排版，让界面具有通透感、舒适感。

质：注重美感、空间感、神秘感。

动：选择使用一些动画效果来增强用户使用时的体验，例如，画面动效、图标动效、跳转动效、加载动效等。

综上所述，产品经理在设计 Web 3 产品时需要关注设计的流行趋势、具备专业成熟的绘制能力、能够推动团队审美水平和设计能力的提高；在视觉设计思维上需要有全局思维和组件化思维。

第 7 章　产品生命力的决定因素
——增长与传播

每一个产品经理都希望自己设计的产品被更多的人使用。要做到这样，产品经理除了在产品设计层面下足功夫，在增长与传播层面也要做足功课。增长与传播是产品上线之后产品经理的主要工作。

我们经常听到领导这样说："未来 3 个月，我们产品的注册用户数要达到 X，活跃用户数要达到 Y，销售额要达到 Z。"但是领导对产品营销投入的预算和资源少得可怜。我们如何用"四两拨千斤"的方法获得用户，并提高转化率？其实，具体方法有很多，比如增长黑客、AARRR 模型、病毒传播、裂变、口碑传播、上瘾模型、感染力的六条原则以及精细化运营策略等。

有人就上述方法提出疑问，这些增长和传播的策略都是适用于 Web 2.0 产品的，用在 Web 3 产品上是否合适？

两种产品确实是有一些区别。例如，在前文中我们曾经谈到过 Web 3 产品，其中生命周期长的产品一般都有自我扩散、自我生长的特性，因此更适合"冷启动"（零成本做营销）；而 Web 2.0 产品的增长和传播策略则多半是"热启动"（通过大量的人力或资金等投入让产品迅速启动，实现用户的爆发式增长）。虽然两者在策略上有一些差别，但是目标基本是一致的，都是为了让产品获得更多用户。

7.1　增长黑客

"增长黑客"这一说法，在 2010 年由 Qualaroo 的创始人 Sean Ellis 提出。2010 年，互联网已经高速发展了十年，进入第二个十年，移动互联网崛起。各种移动互联网产品对用户增长的需求都与日俱增。

增长黑客最初的定义是"一群以数据驱动营销、以市场指导产品方向，通过技术化手段贯彻增长目标的人"。图 7-1 展示了增长黑客的组成。数据分析用的数据主要指产品收集的用户数据、产品使用的数据等。市场导向为产品的发展导向。程序代码通常指促进用户增长的工具的代码。

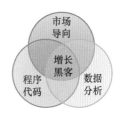

图 7-1　增长黑客的组成

而今，增长黑客的内涵逐渐发展演变，慢慢变成了一种低成本、高效率实现用户大量增长并最终实现收益的运营模式。

7.1.1　AARRR 模型

我们这里谈的增长，不仅仅是用户量的增加，还包括了在产品的生命周期内不同阶段不同指标的增长。比较完整的关于增长的理论框架是 Dave McClure 在 2007 年提出的 AARRR 模型，也称为"海盗指标"，如图 7-2 所示。

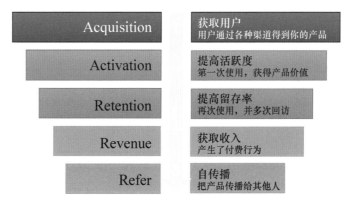

图 7-2　AARRR 模型

AARRR 是 5 个单词的缩写，分别是 Acquisition（获取用户）、Activation（提高活跃度）、Retention（提高留存率）、Revenue（获取收入）、Refer（自传播）。

1. 获取用户

通俗地说，就是"拉新"的过程，这是运营一个产品的第一步，也是验证产品定位是否合理，产品方向是否正确的第一步。如果没有用户，则谈不上产品的运营，也谈不上产品定位和产品方向的验证。这个阶段的衡量指标基本上是产品的下载量、装机量和激活量。运营策略将会直接影响到这些衡量指标，同时运营策略还会影响到 CAC（Customer Acquisition Cost），即用户获取成本。

2. 提高活跃度

谈及活跃度，几乎每款互联网产品都会统计 DAU（日活跃用户），MAU（月活跃用户）。这两个数据也基本上说明了当前产品的用户规模。DAU 和 MAU 统计的基本上是在指定周期内（每天、每月）启动一次产品的用户。但是对于不同的产品，启动并不等同于活跃，因此，对于不同的产品，其 DAU 和 MAU 的统计方法往往是不一样的。例如，对于社交类软件，如果将每个月启动一次的用户计入月活跃数据中，则是不科学的统计方法。用户每次启动产品后的平均使用时长以及每个用户每日或每月的平均使用次数是两个非常重要的统计指标，运营策略将会影响到这两个指标。

当这两个指标同时呈现上升趋势时，我们才能够确定产品的用户活跃数在增加。

3. 提高留存率

留存率是检验产品是否具有足够用户黏性的最重要指标。在解决了获取用户以及用户活跃度的问题以后，可能出现用户"刚来就走""刚装就卸"的问题。这类问题产生的根本原因就是产品并没有用户黏性。

我们在计算留存率时，通常计算次日留存、7 日留存和月留存这 3 个指标。通常保留一个老用户的成本要远远低于获取一个新用户的成本。运营策略的优劣在产品并不具有良好用户黏性的情况下，就会显得尤其重要。

4. 获取收入

著名管理学家 Peter Drucker 曾经说过，企业有且只有两个功能，即营销和创新。运营策略并不能解决企业创新的问题，但却是企业营销必不可少的手段，从企业的产品层面来获取收入将成为企业运营策略中最核心的一块。获取收入也有其衡量指标，ARPU（平均用户收入）、ARPPU（平均每付费用户收入）、CAC（用户获取成本）以及 LTV（生命价值周期）将用来量化企业运营策略的有效性。

5. 自传播

自传播的概念来自社交网络，也有人称其为病毒式传播，它已经成为互联网产品获取用户的新途径。衡量自传播的指标中最重要的是 K 因子。K 因子的值 = 用户发出的邀请数

量 × 收到邀请的人转化为新用户的转化率。例如，有一个用户向 10 个朋友发出邀请，收到邀请的人的转化率为 20% 的话，K=10×20%=2。很显然，当 K>1 时，用户数量就会像滚雪球一样增大。如果 K<1 的话，那么用户数量到某个规模时就会自然停止通过自传播产生的增长。

7.1.2　基于 AARRR 模型的 7 种刺激增长的策略

基于 AARRR 模型的研究，我们可以抽象出 7 种刺激增长的策略。每一种策略都好像是一个杠杆的支点，能够起到四两拨千斤的作用。AARRR 模型适用于各类活动的运营（用户运营、产品运营、社区运营、内容运营和新媒体运营）。

1. 现金激励

顾名思义，现金奖励就是利用现金或者等同于现金价值的物品激励用户，例如，赠送礼品、活动返现以及赠送等同于现金价值的虚拟物品等。例如，我们为某个新上线的产品"拉新"（增加新用户）时，在线下推出"扫码送礼品"的推广活动，即凡是扫码安装此产品的用户，都可以免费获得某种小礼品，如玩偶、签字笔、手机壳等；在线上推出"新用户体验金"的活动，即凡是新注册的用户就能够获得价值 10 元人民币的体验金，并且用户可以免费获得一次产品的付费服务。这些推广活动用较小的成本快速获得了一批用户。在"促活"（使用户活跃）时，我们会让用户对产品的某一个功能进行使用或评价，用户每一次使用或评价会转换为积分，一定的积分能够兑换一次付费服务。在"留存"（保留用户）时，每个使用付费服务的用户每次使用完服务后，我们会返还 10% 的现金到用户账户。

2. 概率刺激

概率刺激源自人们"买彩票"的行为，尽管中大奖的概率十分小，但许多人却乐此不疲地买彩票，原因就在于对好运气的憧憬，以及对微小的付出可能换回巨大的收益的向往。因此，利用小概率大回报事件设计的运营策略非常容易引起用户参与，有时还会收到意想不到的效果。

例如，产品经理在为产品"拉新"时，推出这样一个活动：他在一个网友参与热度很高的 Web 3 信息论坛中发布一个帖子，大致内容是，从发帖时间算起，成功安装此产品的前 50 位用户，将有机会获得一年的产品的免费使用权。这样一来该论坛的用户以及接收到该论坛用户传播的消息的人都来关注此产品。在活动结束后，一些幸运者获得了免费使用此产品一年的机会，从而变成了该产品的忠实粉丝，并向其他人大力宣传该产品。

3. 稀缺刺激

稀缺刺激源自"收藏"以及"拍卖"的启发。物以稀为贵，人们很难对很充裕的东西产生兴趣，相反会对独一无二的东西产生强烈的占有欲。因此，如果产品经理发现新上市的产品不能引起用户足够的兴趣，增加一些"稀缺资源"可能会收到意想不到的效果。

例如，我们发现用户付费的转化率降低时，可以将现金刺激的促销活动做一些调整，使其变为稀缺刺激。例如，将充值 100 元返 50 元改为充值 100 元返 100 元，如此大的促销力度必然会带来用户付费的转化率的上升。但经过了一段时间之后，付费用户的转化率可能会有所回落，促销活动还可做如下调整：

（1）充值 100 元返 100 元，活动倒计时 10 天，错过本次活动，还需再等一年；

（2）充值 100 元返 100 元，活动仅限前 100 名用户，先到先得；

（3）充值 100 元返 100 元，充值用户有机会获得全年免费服务。

调整的策略为用户营造了一种稀缺性，必然会引发用户关注此次的促销活动，从而提升用户付费的转化率。

4. 竞争与展现刺激

竞争与展现刺激源于人们对第一名的追求以及表现欲的启发。竞争刺激与展现刺激就像是孪生兄弟一样，一般情况下同时出现。人们总希望自己在某个范围的圈子内排名靠前，并且这个排名能够展现出来。

例如，产品运营了一段时间之后，产品经理发现用户有不定期和不定量的流失，于是立即对产品进行了迭代升级，并在产品中增加了"排行榜"功能。"排行榜"不仅能够显示用户对某个功能的使用频率或用户的付费情况排名，也能显示用户使用产品的时间长短和活跃程度的排名。产品经理为不同排行榜上的上榜用户颁发一些虚拟奖章，这些奖章可以被用户转发到类似微信"朋友圈"的社交平台中。用户行为发生了明显变化，许多用户都在收集虚拟奖章，并竞相在社交平台上展示。

5. 情绪刺激

情绪刺激源自人们"非理性消费"行为的启发。人们在表达自己喜怒哀乐的同时会有一系列的反应。如某汽车品牌为地震灾区捐助大额善款而获得公众认可；某运动品牌为洪涝灾区紧急捐赠 5000 万元物资，迎来了全民的称赞。人们带着感激的心情购买两家企业的产品，促使它们的产品销量大幅提升。

6. VIP 刺激

VIP 刺激源自人们对"尊崇感"和"特例感"的追求。因此，产品经理在制定产品运营策略时，需要考虑如何才能让所有用户有"尊崇感"和"特例感"。

在产品的会员体系里，VIP 会员有特殊的权限，例如，购买付费服务时可以享受折扣；可以优先获得产品使用权以及使用情况分析报表等。

7. 对比刺激

对比刺激源自人们普遍存在的一种择优心理，这种刺激方式抓住了人们对于"更好"的追求。产品经理可通过对比来突出产品和服务的性价比，让用户有了决策的依据，从而购买商品。

例如，我们在为产品"拉新"时，经常会做的一件事情就是向用户展示当前产品的优势和其他产品的劣势。

7.2　精细化运营策略

7.2.1　2R5F 模型

用户的增长量和用户在不同阶段的转化率，是衡量产品精细化运营策略是否成功的两个关键指标。这就形成了两种关系，一种关系是精细化运营与用户增长量的关系，另一种关系是精细化运营与用户转化率的关系。而影响用户增长量和转化率的要素包括产品、渠道、场景、服务和价格。这就可以抽象成一个模型，即两种关系和 5 个要素的模型，我们称其为 2R5F（2 Relationship 5 Factor Model）模型，如图 7-3 所示。

图 7-3　2R5F 模型

7.2.2　2R5F 模型中的两种关系分析

下面我们详细讲解精细化运营与用户增长量和转化率的关系。

1. 精细化运营与用户增长量的关系

根据 AARRR 理论框架，用户增长量的主要指标是"拉新""促活""留存"、自传播这 4 个，因此，精细化运营的策略在提升用户增长量方面也主要是从"拉新""促活""留存"、自传播这 4 个方面来展开。其目标是用低成本或者免费的手段在短时间内为产品获取大量用户。特别是对于初创公司来说，在人力、物力资源都有限的情况下，"增长黑客"可以帮助产品获得良好的"拉新"效果。

2. 精细化运营与转化率的关系

转化率是精细化运营中精细化程度的直接考量标准。根据 AARRR 理论框架，即使是完美的精细化运营，产品在"拉新""促活""留存"、获取收益、自我传播这 5 个行为中，每一个行为的转化率都无法实现 100%，也就是说，我们想让每一个被吸引的用户都通过产品产生消费并向外传播本产品，这几乎是不可能的。那么，我们该如何实现转化率趋近于100% 呢？精细化运营的关键是个性化，即以个人为单位的数据驱动运营，对于每一个用户都可以创建一个属于他自己的个性化产品或服务，以便使这个用户成为忠实用户，主动宣传我们的产品。

7.2.3　实现精细化运营的 6 个基本步骤

在定义了品牌运营的方案后，接下来就是如何实现产品的精细化运营。在通常情况下有 6 个基本步骤。

（1）对比分析。对比分析包括时间维度、产品版本维度以及不同用户群维度上的对比。

（2）验证或推翻假设。若用户数据与达到的目标相符，则证明假设正确；若用户数据与达到的目标不符合，则证明假设存在问题，需要寻找品牌运营差的原因。

（3）迭代改进，继续观察。这主要是说产品发生改变后，要通过对用户数据的观察，不断地对运营方案作出调整，从而实现用户自发使用产品。

（4）建立用户画像和用户体系。主要依托用户的数据信息，将典型用户抽象出来，通过识别大众用户和特殊用户，建立满足不同用户需求的数据分析模型。

（5）数据标签化。如果不对基本用户的数据信息做标签化拆分，将很难对用户进行精准分类，用户数据标签化的主要任务是将基本用户数据信息的颗粒度尽可能地做小，达到可量化。

（6）关联性分析。关联性分析主要是通过分析用户数据，确定不同产品或服务之间存在的关联性，例如，超市中"啤酒"和"尿布"是两个看似没有什么关联性的产品，实际上，通过用户数据分析得出的结论表明它们却是强相关的。

7.3　上瘾模型

Nir Eyal 和 Ryan Hoover 的著作《上瘾》中有这样一段文字："据统计，79% 的智能手机用户会在早晨起床后的 15 分钟内翻看手机；某大学在 2011 年的研究表明，人们每天平均要看 34 次手机。"

有些产品就好像有魔力一样吸引着我们，会占据我们大量的时间。让我们先来回忆一下那些曾经让我们上瘾的产品。

苹果手机的"粉丝"为了购买新的 iPhone，会提前一晚在苹果手机店门口排队；微信的朋友圈会让用户忍不住拿出手机"刷一刷"看看朋友圈有没有新的动态；抖音会让用户一有空闲的时间就开始不停"刷"视频等。

不得不承认，我们对上述产品已经上瘾了，为什么会这样？答案很简单，就是因为习惯。

心理学的解释可以总结为，习惯是在后天的影响下，逐渐形成了的一种下意识性的，自动化了的反应倾向、活动模式、行为方式、价值选择。习惯分好坏，因此习惯会对每个人起到积极或消极的作用。

美国学者 Duhigg 在《习惯的力量》一书中提出，习惯是由暗示、惯性行为和奖赏构成的一个"回路"系统。我们大脑中的这个回路由 3 个步骤组成：第一步，给出一个暗示，能够让大脑进入某种自动行为模式，并决定使用哪种习惯；第二步，做出一种惯性行为，可以是身体、思维或情感方面的；第三步则是奖赏，这是为了让你的大脑辨别出是否应该记下这个回路，以备不时之需。慢慢地，这个由暗示、惯性行为、奖赏组成的回路会变得越来越自动化。根据都希格的理解，习惯出现时，大脑不再完全参与决策，因此，除非你可以抵制习惯，否则，习惯会自动展开行动。

从习惯的养成时间来看，人们经常提到的 21 天源于 Maltz 博士在 1960 年发现的一个规律。但实际上，不同的行为，人们养成习惯的时间是不一样的。对于一些复杂的行为，21 天可能是一个相对较短的时间。

为什么要让用户养成习惯？

第一，可以提高用户的终身价值。

衡量产品价值的两个关键指标是用户使用时间和频率。用户使用产品的时间越长、频率越高则代表着产品的价值越高。当用户对产品产生依赖，则依赖、时间和频率会合力形成一种增强性正向循环，从而让用户形成习惯。这种习惯一旦养成则很难改变，这就意味着能够提高用户的终身价值（一个用户在其有生之年忠实使用某个产品的过程中为其付出的投资总额）。

第二，可以提高产品价格的灵活性。

"股神"巴菲特和他的搭档查理·芒格发现，用户对某个产品形成使用习惯以后，他们对该产品的依赖性增强，对价格的敏感度降低。

第三，加快产品用户的增长速度，扩大产品用户群体。

这里需要提到口碑传播的概念。一些用户在频繁使用产品的过程中会不自觉地将产品分享给朋友。这样，产品的用户增长会进入一个"分享—反馈"的良性循环过程中。因此，产品的用户群体会快速增长。

第四，提高产品竞争力。

用户对产品的依赖是该产品的一种竞争优势。一旦某个产品能够让用户改变自己的生活习惯，那其他产品对这个产品来说就几乎不具备任何威胁了。

Web 3 产品也是一样。例如，已经对"小狐狸"钱包形成习惯的用户，即使有 Coinbase 钱包也不会去频繁使用它。

所以，要想打造能让用户养成使用习惯的产品，需要思考两个因素：一个是频率，就是某种用户行为多久发生一次；另一个是可感知用途，就是在用户心中，该产品与其他产品相比多了哪些用途。如果某种用户行为发生的频率足够高，就会进入用户的"习惯区间"。当产品进入了用户的"习惯区间",产品就获得了持久的生命力。

上瘾模型就是根据用户习惯的心理学研究,给出了让用户养成使用习惯的四大产品逻辑:触发 - 行动 - 多变的酬赏 - 投入。

7.3.1　触发:提醒用户采取下一步行动

触发分为外部触发和内部触发两种。

外部触发指的是产品靠什么来吸引用户,主要有付费方式,即在产品的运营上花钱吸引用户。一般情况下,在产品运营上花钱的多少跟触发效果成正比,例如,花钱为产品做广告等。内部触发包括回馈型、人际型和自主型这 3 种,回馈型的关键点在于运营时花费的时间和精力。一般情况下花费时间和精力的多少跟触发效果成正比,但是这种效果并不持久。例如,即使用尽浑身解数撰写了一篇产品的宣传文章,发布后阅读量达到了 10 万以上,这样的文章影响用户的时间可能也只是两三天甚至更短。人际型的关键点在于口碑传播,这是一种积极的触发方式,并且能够形成良性循环。自主型的关键点在于对已有用户服务的增强,一般情况下,自主型触发面对的都是"老用户",我们可以通过在产品上使用订阅、推送、图标变化等方式进行这类的触发,例如,每到新年,很多手机 App 的桌面图标都会带有新年喜庆的元素。

如果说外部触发是把用户带入产品的使用路径上来,那内部触发就是让用户在产品使用的路径上走得更远,最终形成依赖。内部触发的关键点在于能够让产品真正触发用户需求,解决用户的痛点。当某个产品与用户的思想、情感或者是原本已有的常规活动发生密切关联时,就是内部触发在起作用。我们可以列举一些内部触发做得优秀的产品:我们出门要打车时,自然会想到"滴滴打车";我们想要外出吃饭时,总会想到"大众点评";我们把数字资产从 Heco 链不小心转到了 ETH 链上时,则马上会想到可以用 MetaMask 来解决问题。

7.3.2　行动:人们在期待酬赏时的直接反应

只有让用户动起来才能培养他们使用产品的习惯,那么如何让用户动起来?

为解决这个问题,斯坦福大学的 Fogg 博士给出了一个模型:B = MAT。

B 指的是行动，M 指的是动机，A 指的是能力，T 指的是触发。也就是说，要想人们完成特定的行为，动机、能力、触发三者缺一不可。

例如，朋友请你去郊游，你没有去，这很可能是 MAT 三者中某一项没能满足。如果是因为郊游的地方太远，没有合适的交通工具，所以没有去，这是能力问题；如果是因为邀请你的朋友同时也邀请了另一个你不喜欢的人，所以你没有去，这是动机问题；如果是因为你没有及时发现朋友的邀请，这是触发问题。关于触发，上面已经详细讨论过，下面我们讨论动机和能力。

动机决定了用户是否愿意采取行动。心理学家对动机的解释：由一种目标或对象所引导、激发和维持的个体活动的内在心理过程或内部动力。动机具有内在性（用户的内在心理活动和内部动力，而非外部）；指向性（有指向的目标，而非无目标）；复杂性（动机的产生和原始与衍生、生物与社会、本能与习得、生理与心理等都有关系）。Fogg 博士认为，能够驱使用户采取行动的核心动机有 3 种：追求快乐，逃避痛苦；追求希望，逃避恐惧；追求认同，逃避排斥。

例如，在数字货币领域经常出现这种情况：某一个新数字货币在交易所上架后，有很多用户几乎不思考就买入。买入的动机源于自身而不是其他人；买入的目的是未来凭它赚钱，或者说是追求一种未来可以赚钱的希望；买入行为还与自身的经济能力和心理承受能力有关。再如，我们玩一款游戏，玩了一段时间之后我们会购买这款游戏开发商提供的装饰游戏的"皮肤"。这种行为同样也是源于自身有明确的目标，就是为了在游戏中可以更好地展现自己，并且这种动机也是为了追求认同，逃避排斥，因为在游戏中，如果自己没有装饰游戏的"皮肤"，其他用户会觉得自己是一个"低端用户"。

能力能够推动用户完成行动。网络发展的过程表明，任务的难易程度会直接影响人们完成这一任务的可能性。Fogg 博士认为，影响任务难易程度的有 6 个要素，这 6 个要素同时也是衡量用户是否有能力完成行动的 6 个要素，即时间、金钱、体力、脑力、社会偏差（指其他人对该项活动的接受度）和非常规性（指该活动与其他活动之间的匹配程度或矛盾程度）。

那么，关于动机和能力，首先应该解决哪一个呢？当然是先解决能力问题。例如，某个产品经理想要设计一个数字货币钱包。首先他需要有能力设计钱包，其次才是他有没有动机去设计。

7.3.3　多变的酬赏：满足用户的需求，激发用户使用欲

上瘾的第三个阶段是多变的酬赏。这个阶段是让产品激发用户的使用欲。酬赏分为 3 种类型，分别是社交酬赏、猎物酬赏和自我酬赏。

社交酬赏：指人们通过产品与他人互动而获取的人际奖励。例如，用户在微信朋友圈获得的其他用户的评论和点赞。当用户在微信朋友圈发完一条信息后，会不间断地刷新微信朋友圈，就是为了看看有没有人对自己这一条朋友圈信息进行评论和点赞，在一段时间之内对朋友圈评论和点赞的期望能够让用户的大脑兴奋。

猎物酬赏：指人们从产品中获得的具体资源或信息。例如，用户可以从短视频中获得其想关注的信息，而短视频开发者提供的个性化推荐算法也让用户无法停止，想去观看下一条短视频。

自我酬赏，指人们从产品中体验到的操纵感、成就感和终结感。例如，一些打怪升级类的游戏、"积分升级"类的 App。用户会在这些产品上花费许多时间和金钱来让自己在这个产品中获得更高的级别。但用户一旦达到产品设立的最高级别，一般情况下，用户对该产品的使用时长和频率都会出现断崖式的下降。

心理学家通过人脑中"快感中枢"分泌多巴胺的量来做试验，来验证用户在什么情况下会反复使用产品，在什么情况下用户会对产品有使用欲。研究结果表明，驱使用户采取行动的并不是酬赏本身，而是渴望酬赏时产生的那份迫切需要。这种迫切需要刺激了大脑的"快感中枢"，促进了多巴胺的分泌，大脑变得更兴奋，更快乐。一旦停止使用产品，多巴胺的分泌就会减少，也就是说，大脑的兴奋度会降低，用户的快乐的感觉就会消失。

7.3.4　投入：通过用户对产品的投入，培养回头客

上瘾模型的最后一个阶段就是投入。心理学中有一个现象叫作"沉没成本"，意思是说，人们对已经付出的代价更在意。人们在做决策时，如果自己在这件事情上已经投入了大量的时间、精力、金钱以及感情，那么对于这件事情有更强的忠诚度和继续投入的意愿。因此，在这个阶段，产品开发商要尽可能地去让用户投入，哪怕只是一点点。

7.4　感染力的 6 条原则

感染力的 6 条原则是由 Jonah Berger 教授提出来的，他的目的是通过这些原则让产品具有很强的传播性。

（1）社交货币：人们希望通过社交行为来让自己看起来更加有价值，这种行为可以是思想、观点、话题的分享，这时，更加时尚、有趣、有内涵的观点就是一种社交货币。

例如，某个用户向朋友推荐了一款音质很好且设计时尚的耳机，希望能够帮助朋友解决耳机的问题，并能够让朋友享受到优质的产品服务，当朋友获得帮助后，对该用户也产生了认可。

（2）诱因：就是一种在特定场景下能够激活用户使用产品的设计，将我们要传播的产品与这个特定场景做关联，用户一旦在某种情况下碰到了这个场景，就会联想到我们的产品。

例如，微信运动，每天晚上 10 点会对用户的运动情况进行排名推送。因此，微信运动这个小功能每天晚上 10 点准时激活与用户的关联。这时微信用户会好奇，自己今天究竟走了多少步？能排第几名？能得到几个其他用户的点赞？

（3）情绪：当人们产生情绪时，难免产生分享的欲望，有些是积极的情绪，有些是消极的情绪。

例如，用户看到令他感动的视频时，会毫不犹豫地将视频分享给其他人。

（4）公共性：人们没有看到的事物，这些事物是不会轻易被模仿的，更不可能变得流行，所以，我们需要设计一些具备公共应用性的产品，让产品具备渗透力与影响力。

例如，早些年，手机版的数字货币钱包 App 里只显示数字货币余额、转账等基础功能。但一些数字货币钱包的开发商希望能够获得更多的用户和数据信息，为它增加了额外的功能，例如，信息、行情等。此后，各个手机端数字货币钱包 App 产品纷纷效仿，使信息、行情成了钱包中的基本功能。同时，用户对手机端数字货币钱包 App 的认知也产生了变化。

（5）实用价值：具有实用价值的信息和产品，人们自然愿意分享。

例如，我们经常可以在微信朋友圈或者微信群里看到有人分享一些专业的研究报告、健康小贴士等。

（6）故事：讲故事是一个能把用户带入具体场景的办法，因此，好的故事不仅可以宣传产品，还能提升产品的文化价值。

例如，我们以讲故事的方式介绍 Web 3 产品经理的知识：一个被裁员的互联网产品经理，通过学习这本书，成功地进入了 Web 3 领域，并且找到了一个 Web 3 产品经理的岗位。这对于想求职的读者而言，更具有说服力。

7.5　典型 Web 3 产品增长案例

Web 3 的产品中最不缺的就是裂变和高速增长的案例。因为 Web 3 产品自身就带有自传播的属性。

1. Mirror

Mirror 的目标是在 Web 3 上建立连接用户的"世界"。Mirror 上线以后，开发商并没有为它做过多的运营，使用 Mirror 不但不会免费，如果用户在 Mirror 上发布信息登记上区块链的话，还需要额外付费，但是 Mirror 的用户却持续增长。其中最重要的原因在于 Mirror 满足了 Web 3 产品的一般特征，并且拥有 Web 2.0 产品的用户体验。

从产品功能上看，Mirror 很好地将信息和价值结合在了一起，这个看起来很像微博的产品，为用户提供了文章发布、众筹、合作贡献分流、NFT 拍卖等功能。

2. TokenPocket

2021 年，国内的很多用户在选择数字钱包时，都选择了 TokenPocket。这是为什么？站在传播和用户增长的角度上看，这是因为这款钱包不仅能戳中用户的痛点、满足用户需求，而且给用户带来了流畅的体验。

从功能上看，TokenPocket 提供的功能包括：数字资产管理、交易、金融服务、资源租赁、节点投票、市场信息、权限管理、账户管理等。基本能够满足投资者日常使用的所有需求。

从运营上看，TokenPocket 钱包之所以能够在短时间内后来居上，最重要的一点是其大大地降低了用户的使用门槛。

　　早些年，在数字货币刚进入国内公众视野时，一些工具类的产品也实现了短期内的用户的高速增长，如 FCoin 一上线就非常引人关注，主要是因为 FCoin 引入了一个"交易返现"的活动，凡是用 FCoin 实现的交易，交易所均会用平台资产全额返还给用户，并且 FCoin 每天交易费的 80% 都会以分红的形式按比例分配给用户，这一活动给用户一种感觉，交易不花手续费，还可以赚钱。那么用户自然就积极地交易，以获得更多的平台资产。随着人们积极地交易，FCoin 在软件市场上的排名也迅速上升，很快成为了排名第一的交易所。

第 8 章 数字货币

货币是从商品分离出来的表现其他一切商品价值的商品，因此被定义为一般等价物。货币本质上是一种所有者与市场关于交换权的契约，根本上是所有者相互之间的约定。

货币的形态从最初的贝类、装饰品到现如今的加密数字货币，经历了从杂乱到统一的演变过程，也从自然状态走向人工铸造，铸币机构也经历了从地方到中央的演变。当今世界已经形成了较为稳定的货币制度和经济体系，但是也存在着由此引发的货币危机。人们开始探索，是否能够找到一种更为有效的货币形态。于是，数字货币出现，并得到了快速的发展。

现如今，电子支付已经走进大众的视野，大家通过微信、支付宝来购物。2019 年 12 月 8 日，俄罗斯电视台报道了一则新闻：世界上最大的印钞厂英国德拉鲁公司发出了可能破产的警告。相关人士分析其背后的原因，最大的冲击来自电子支付。

许多国家（地区）开始了"无现金化"。2014 年，丹麦决定停止印刷纸币，取而代之的是电子支付。韩国则宣布，将加快减少硬币流通，目标是到 2020 年让硬币彻底退出流通。在中国，移动支付早已成为不可阻挡的趋势。《2018 年中国移动支付境外旅游市场发展与趋势白皮书》中显示，2018 年中国出境游客使用移动支付交易额占总交易额的 32%。

纸币的电子化虽然能够解决纸币本身的缺陷，但还不能解决其本质的危机，于是人们又开始探索，能不能找到一种有效的方式来真正解决纸币的危机。数字货币概念开始出现。

8.1 数字货币的起源和发展

最早的数字货币理论是由 David Chaum 于 1982 年提出的，并且在 1994 年推出了 eCash。但数字货币的定义却一直含糊不清。2009 年 10 月比特币的出现，使数字货币作为一个崭新的概念，开始走入学者及金融家的视野。

但从数字货币的发展史来说，1976 年才是它的元年。因为，从 1976 年开始，人类正式开启了密码学以及数字货币的时代。

标志性事件有两个，一个是密码学领域中的 Bailey W. Diffie 和 Martin E. Hellman 两位学者发表了论文《密码学的新方向》。这篇论文讲解了密码学的许多知识，包括非对称加密、椭圆曲线算法、哈希等，这篇论文不仅奠定了密码学的发展方向，也对区块链的技术和比特币的诞生起到决定性作用。另一个是经济学领域中的 Friedrich von Hayek 出版了一本经济学方面的专著：《货币的非国家化》。

Friedrich von Hayek 在 1974 年获得诺贝尔经济学奖，其经济思想非常超前，在《货币的非国家化》一书中，他颠覆了正统的货币制度观念，提出了一个革命性的建议：废除中央银行制度，允许私人发行货币并自由竞争。

Friedrich von Hayek 提出的这个建议也是有其历史原因的。在 1973 年到 1975 年，非常严重的资本主义经济危机爆发。因此，许多经济学家开始寻找摆脱困境的良方。比较来看，也只有 Friedrich von Hayek 的著作中的理论最有利于摆脱经济危机。

但是，这本书在相当长的一段时间内没有引起大众的关注，因为当时主流的经济学家和银行家们认为其思想太过偏激。一直到比特币出现，人们又回忆起这位经济学家和这本经济学著作。随着比特币以及区块链技术的发展，越来越多的人开始认识到，私人货币并不像我们想象的那么遥远。货币与非货币之间也并不存在一个明确的界限。无论以何种特定流动资产的形式将"货币"定义下来，货币化都将在该定义之外的地方进一步发展。

在 eCash 之后，相继出现了不同的数字货币，比较典型的有 1997 年 Adam Back 提出的 HashCash，WeiDai 提出的 B-Money 以及 Nick Szabo 提出的 Bit Gold，Hal Finney 提出的 POW。

2008 年中本聪发布的论文《比特币：一个点对点电子现金系统》实际上是对上述 4 位重要人物研究成果的归纳。论文中引用了 1997 年 Adam Back 设计的 HashCash 以及 DaiWei 设计的 B-Money。中本聪还指出比特币是 DaiWei 在 1998 年密码朋克中所提到的 B-Money 的构想和 Nick Szabo 提出的 Bit Gold 的具体实现。谈到 Nick Szabo，就不得不提智能合约，在 1993 年，他写出了论文《智能合约》。智能合约是后来区块链技术逐步发展后处理交易的核心方式，区块链应用的实质也可以被看成是一个一个智能合约的组合。

比特币问世的"临门一脚"，可以说是 Hal Finney 的助攻，他也是"密码朋克"中的前辈，知名的密码学专家。他在 2004 年推出了采用工作量证明机制（Proof Of Work，POW）的电子货币。在比特币开发过程中，Hal Finney 与中本聪有很多互动，而比特币的第一笔转账记录就是中本聪向 Hal Finney 转的 10 个比特币。

中本聪把前人的创新综合起来，并总结了自 20 世纪 90 年代以来所有数字货币最终失败的原因，实现了一种在发行和交易上都去中心化的非基于信任的电子现金。该电子现金通过公钥加密方式来管理所有权，并用一个名为工作量证明的共识算法来记录谁拥有货币。紧接着中本聪用其自创的软件"挖出"了创世区块，区块中包含下面这句话："The Times 03/Jan/2009 Chancellor on brink of second bailout for banks."如果把 1976 年定义为数字货币的元年，至今已四十多年，我们剖析其发展历程可以发现，数字货币的演变大致可以分为 4 个阶段。

第一个阶段为"萌芽阶段"，即 1976 ~ 1982 年。在这期间著名的 RSA 算法诞生，Merkle-Tree 这种数据结构和相应的算法被提出。

第二个阶段为"成长阶段"，即 1982 ~ 2010 年。这个阶段奠定了未来数字货币的基础。1982 年，Lamport 提出拜占庭将军问题，标志着分布式计算的可靠性理论和实践进入了实用性阶段。1985 年，Koblitz 和 Miller 提出了著名的椭圆曲线加密（ECC）算法，现代密码学的理论和技术基础至此完全确立了。1997 年，HashCash 方法，也就是第一代 POW 算法出现了，当时这个算法主要被用来做反垃圾邮件。1998 年，密码学货币的完整思想终于破茧而出；直到 2008 年中本聪提出了比特币理论。2010 年 5 月 22 日，Laszlo Hanyecz 使用 1 万个比特币换了两个比萨，标志着加密货币进入了实体交易领域。

第三个阶段为"快速发展阶段"，即 2011 ~ 2017 年。比特币开始进入大众视野，被越来越多的商户和个人所认可。比特币在这段时期也受到了政府和媒体的普遍关注。同时，以瑞波币、以太坊为代表的各种竞争币相继产生，比特币等数字货币的价值呈现上升趋势。但随着比特币价格的升高，各类传销币、空气币开始涌现，普通大众也卷入数字货币炒作的投机大潮，产生了极大的数字货币泡沫。

2011 年 4 月，比特币 0.3.21 发布。2011 年 10 月，莱特币诞生，作为比特币的复制版，它与比特币的主要区别在于用 scrypt 替代 SHA-256。2012 年 9 月，Ripple 的前身 OpenCoin 成立，后来瑞波币专注于银行间转账市场。2013 年，比特币发布了 0.8 版本。2013 年 5 月，第一台比特币 ATM 机在美国加利福尼亚州圣迭戈诞生。2013 年 8 月，德国正式承认比特币的合法地位。2013 年 12 月，中国人民银行等五部委发布《关于防范比特币风险的通知》。2013 年年底，以太坊项目发起。2014 年，Vitalik 在迈阿密比特币会议上公布了以太坊项目。2014 年 3 月，以太坊发布了 POC3。2014 年 7 月 24 日起以太坊进行了为期 42 天的预售，总计发售了 60102216 个以太坊。以太坊也发布了第一个正式版本，标志着以太坊的正式运行。2016 年，以太坊因著名的 The DAO 被攻击事件导致分叉。2016 年 1 月，中国人民银行在北京召开数字货币研讨会，重点部署数字货币及区块链技术研究，着手进行主权数字货币的研究与发行。自 2016 年之后，数字货币的发展进入空前繁荣的阶段。2017 年，区块链被应用到金融体系。欧洲银行联合组建贸易链，用区块链技术提供企业贸易融资服务。以太坊的发展让 ICO（Initial Coin Offering，基于区块链技术的筹资方式）走进大众视野。中国政府对 ICO 的监管政策也同时到来，在 2017 年 9 月 4 日，中国人民银行等七部委联合发布了《关于防范代币发行融资风险的公告》。

第四个阶段为"理性的全面发展阶段"，即 2017 年 9 月至今。2017 年、2018 年，数个国家（地区）相继出台了针对数字货币的相关规定。

在技术领域，以太坊、Hyperledger、Corda、ZCash、EOS、Ontology、Conflux、Polkadot、Cosmas、Diem、Solana、Aptos 等相关公链的技术层出不穷。POW、POS、DPOS、DPOW、PBFT、POH 等共识机制逐渐成熟。

在行业方面，区块链在存证、溯源、版权保护等方面已经被实践。国内外传统大型企业、互联网巨头、银行以及金融巨头也都纷纷宣布了自己的区块链项目，发布了自己的区块链项目白皮书。

如今，数字货币的发展已经进入一个新阶段，几乎所有国家（地区）都认识到了区块链技术的重要性。

8.2　数字货币的特点和价值

8.2.1　去中心化

与纸币等传统货币不同，数字货币的去中心化特征十分突出。数字货币的发行、运行和流通主要依赖信息技术、密码学、网络协议等来实现，是点对点进行的。一般会采用区块链技术作为支撑，以保证其数量的稳定性及不可随意增发性。

数字货币是一种分布式的虚拟货币，支撑数字货币运转的整个网络由分散的用户构成，去中心化是数字货币安全的保证。

8.2.2　匿名性

数字货币具有较强的匿名性，即可隐瞒身份、个人特征等。数字货币交易仅仅需要一个地址，交易过程中并不涉及用户的身份信息。数字货币的匿名性还在于其有不同于传统电子交易的支付方式，使整个交易过程中外人无法辨认用户的身份信息。

8.2.3　强流通性

数字货币可以在任意一台接入互联网的计算机上被管理。任何人都可以购买、出售或收取数字货币。数字货币相对于纸质货币来说发行成本、交易成本更低。由于其可编程性的特点，它可以在全世界进行使用，并且能够方便地进行交易结算。

8.2.4　安全性

由于数字货币一般会采用区块链的分布式记账方式，所以理论上每一笔数字货币在区块链上的移动都会被记录。承载数字货币的网络全部都是公开透明的，不能被删除或篡改。对于用户而言，数字货币通过私钥保存，它可以被隔离保存在任何存储介质上。除了用户自己之外无人可以获取。

8.2.5　可追溯性

正是因为在分布式账本中，每一笔数字货币的交易都会被记录下来，所以数字货币具有绝对的可追溯性。在原有的传统货币体系中，交易行为代表货币的数据在不同账户之间转移，最终会到中央银行去做清算（结算）。因此，一笔交易很难得到全流程追溯。而数字货币，自从其产生开始，任何人都能够看到其全部的流转过程。

国际清算银行（Bank for International Settlements，BIS）曾经发布，由 Morten Bech 和

Rodney Garratt 起草的内部讨论文件 Central Bank Cryptocurrencies 中为货币赋予了 4 个维度的属性，包括发行者、物理形态、发行范围和流通机制。根据数字货币的特性，基于 BIS 的四维度模型进行扩展，可以从以下 8 个维度来考察数字货币。这 8 个维度分别是发行者、物理形态、发行范围、流通机制、持有方式、用途、价值模式和可编程性。

（1）发行者：指货币的发行方，可以是一个国家的央行、商业银行、企业、民间社群以及个人。如果是一个国家的央行发行的数字货币，则称之为法币。

（2）物理形态：货币的物理形态指的是货币存在的形态。

（3）发行范围：货币的发行范围指的是货币使用的空间场所。例如，一个国家的货币的流通范围可以是世界范围，也可以只是在这个国家内。

（4）流通机制：货币的流通主要涉及账目清算的问题，表示货币被用于支付、转账等操作时，是由中心化的账本来负责记账，还是在去中心化的情况下，点对点的环境下来记账。

（5）持有方式：货币的持有方式是指货币的使用者用什么样的手段持有货币。

（6）用途：货币的用途，如作为一般等价物进行流通。

（7）价值模式：货币的价值模式指的是货币的价值是如何产生的，例如，一个国家的货币的发行可以基于黄金的储备；某种数字货币的发行是基于某种法币的抵押。

（8）可编程性：货币的可编程性是货币数字化的核心，具有可编程性的数字货币才更有意义。2019 年 6 月，Facebook 发布的 Libra 则由独特的 Move 语言来实现其可编程性。

我们已经知道像纸币这样的货币本身是没有价值的，只是国家信用背书使其拥有了兑换价值。而金银这样的贵金属，有使用价值和劳动价值作为支撑。那么，并没有国家信用背书，也不像贵金属这样自身具有价值的数字货币，它的价值是什么？如何定义？

我们先来思考这样几种东西的价值，如图 8-1 所示，一幅达·芬奇的画、一个奢侈品牌的包、一个乾隆皇帝曾经用过的瓷器、一款游戏中的装备或者是限定的皮肤，等等。这些东西如果用法币来衡量，价格都是非常高的。价格高的原因也许是其稀缺性、品牌效应等。归根结底是人为的结果，是我们对其赋予了价值。换句话说，如果我们不赋予一个事物价值，那它就没有所谓的内在价值。

图 8-1　具有特定价值的不同形态的事物

为某一种事物赋予价值的行为，就是共识。那么数字货币的价值是源自人们的共识。我们知道，在人类几千年的历史发展进程中，人们对黄金有着绝对的共识。

数字货币除了人类共识出来的价值外，其与黄金还有着非常大的区别，就是数字货币的产生需要消耗资源，这个资源是人的劳动力和机器的算力，引申下去则是能源的消耗。因此，数字货币的价值是源于能源的消耗，这是客观的。

综上所述，客观层面的能源消耗是数字货币的价值基础，主观层面的人类共识是数字货币的价值延伸。这两者相互作用，相互影响，共同决定了数字货币的价值。

8.3　数字货币的优势和问题

在比特币进入大众视野之后，各国（地区）都纷纷开启数字货币的研究进程。那么为什么数字货币会引起各国（地区）的高度关注？这与其自身的优势是密不可分的。数字货币的优势体现在以下几个方面。

数字货币可以降低成本。由于数字货币是以数字形式代替传统的货币，可以省掉传统货币在铸造、印钞、运输、流通等环节产生的成本，从而降低银行的运营成本。

数字货币可以提高货币流通效率。在现行政策下，货币传导具有滞后性，例如，跨国银行转账可能需要几天甚至更长的时间，并且会收取高额的手续费。由于数字货币点对点交易的特点，可以实现全球范围内的即时转账，而且手续费非常低。

数字货币可以让任何人在任何地区无差别地使用。数字货币的存储不需要银行和信托机构等，只需要一个可进行数字货币交易的设备，如果你有这个设备，只要记住自己的私钥即可实现数字货币交易，完全不受地区的限制，也不需要增加额外的成本。

数字货币还有助于共享金融的发展。传统的货币在进行交易时要受到第三方的监督。数字货币交易将不再需要第三方来监督，即可解决交易实时性的问题。数字货币还可以借助物联网、人工智能等相关技术，提升金融服务的广度。

此外，数字货币还有很多其他优势，例如，有对操纵和审查的抵抗性，对创新和改进持开放态度，在打击金融犯罪、反洗钱上有一定优势等。

当然，事情总有两面性，尽管数字货币提供了诸多便利，但我们不可否认其也有一系列的问题。

例如，没有锚定关系的数字货币价值不稳定，加密算法的漏洞带来了交易的风险，另外，数字货币发行和流通的特点为数字货币的监管带来了巨大的挑战。

第 9 章 Web 3 产品的核心特点 ——去中心化

Web 3 产品的核心特点就是去中心化。任何项目，如果做不到去中心化，也就谈不上是真正意义上的 Web 3 项目。什么是去中心化，如何判断去中心化以及去中心化的优势、特点和未来发展，下面逐一讲解。

在原始社会的部落形成之前，人类是零散分布，三五成群生活的，没有一个中心组织。此时，人类的生存方式是去中心化的。部落形成以后，人们围绕部落生活，部落就是中心。人类之所以从去中心化的生活向中心化形式转变，就是因为人越多获得的资源就越多，共同抵御风险的能力就越强。

回顾互联网的发展历史，大概经历了互联网的诞生、TCP/IP 的发明、万维网的推出、社交网络的兴起以及移动通信技术的大规模应用这些阶段。英国计算机科学家 Tim Berners-Lee 在 1990 年 12 月 25 日，通过 Internet 实现了 HTTP 代理与服务器的第一次通信。万维网进入公众视野，如今互联网已经成为世界科技、教育、政府机构中信息共享的巨大网络，但是这个互联网架构有两个重要的特点：第一个是超文本和超链接，它的诞生为后来互联网大数据的形成奠定了基础；第二个是 B/S，也就是中心型架构，后来，谷歌、亚马逊、阿里巴巴、腾讯等互联网科技巨头都采用了这个架构。随着这些巨头的不断壮大，其"中心化"的能力也越来越强。人们开始对互联网中心化的趋势表示担忧，越来越多的"去中心化"的声音出现，希望能够解决这个问题。一直到 2008 年，区块链技术的出现，基于区块链的去中心化技术和协议的发展进入快车道。

9.1 什么是去中心化

在讲去中心化之前，读者首先需要明白什么是中心化。中心化，顾名思义，就是有一个拥有超级权限的中心。事实上，中心化这个概念在互联网诞生之后才被关注，是相对于去中心化而言的。维基百科中甚至没有关于中心化的定义。互联网产品由于其架构的原因，天生就是中心化的。

当区块链技术进入大众视野之后，去中心化这个词高频出现在大众口中。那么到底什么是去中心化？下面我们来看几种最常见的说法。

维基百科中这样解释去中心化：去中心化是互联网发展过程中形成的社会关系形态和内容产生形态，是相对于"中心化"而言的新型网络内容生产过程。

相对于早期的互联网（Web 1.0）时代，Web 2.0 的内容不再由专业网站或特定人群所产生，而是由全体网民参与、共同创造的结果。任何人都可以在网络上表达自己的观点或创造原创的内容，共同生产信息。

随着网络服务形态的多元化，去中心化网络模型越来越清晰。Web 2.0 兴起后，Wikipedia、Flickr、Blogger 等网络服务商所提供的服务都是去中心化的，任何参与者均可提交内容，网民共同进行内容创作。之后随着更多简单易用的去中心化网络服务的出现，Web 2.0 的特点越发明显。例如，博客、Twitter 等更加适合普通网民，使得网民为互联网生产或贡献内容更加简便、更加多元化，从而提升了网民参与的积极性、降低了生产内容的门槛。最终每一个网民均成为一个微小且独立的信息提供商。

Reid Alex 曾经阐述去中心化的概念："随着主体对客体的相互作用的深入和认知机能的不断平衡、认知结构的不断完善，个体能从自我中心状态中解放出来，称为去中心化。"

一些学术文献这样描述去中心化：在一个分布有众多节点的系统中，每个节点都具有高度自治的特征。节点之间彼此可以自由连接，形成新的连接单元。任何一个节点都可能成为阶段性的中心，但不具备强制性的中心控制功能。节点与节点之间的影响，会通过网络而形成非线性因果关系。这种开放式、扁平化、平等性的系统现象或结构，我们称为去中心化。

9.2　去中心化的维度

2017 年 2 月，以太坊创始人 Vitalik Buterin 发表的论文 *The Meaning of Decentralization*

中介绍了去中心化，去中心化才第一次被系统地描述。Vitalik Buterin 也提出了如图 9-1 所示的"去中心化"。

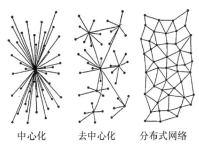

当人们谈到软件的去中心化时，实际上是在一个系统中分为 3 个维度来讨论的。这 3 个维度是相互独立的，并且缺一不可。这 3 个维度分别如下。

架构维度：表示一个系统中有多少台物理存在的计算机，并且在这个系统中最多允许多少台计算机宕机而系统工作不受影响。

中心化　　去中心化　　分布式网络

图 9-1　Vitalik Buterin 提出的
"去中心化"

架构维度实际上是在讲物理层面的事情。因此，在一个系统中，判断其是不是去中心化的，只需要看其物理分布是不是去中心化的即可。因此，几乎任何一个大规模的应用系统，架构上都可以说成是去中心化的。

组织维度：有多少个人或者组织能够控制由这些计算机所组成的系统。

逻辑维度：这个系统所维护的接口与数据结构是更像一台完整的单一设备，还是更像一个不固定、无规则的集群？通俗点讲，就是如果把这个系统一分为二，且在这两个部分中都包含了生产者和消费者，那么这两个部分是否能够作为独立单元完整地运行下去？

传统公司，其在逻辑维度、架构维度和组织维度上都是中心化的，这是因为，每一个公司在逻辑上是一个整体，无法被一分为二；在架构上有一个总部；在组织上都会受到公司 CEO（首席执行官）的管理。

语言是一个完全去中心化的典型例子。首先其在逻辑维度上是去中心化的。A 和 B 之间所讲的英语与 C 和 D 之间所讲的英语可以不一致。在架构维度，也没有任何一种语言存在需要中心化的基础设施做支撑。在组织维度上，语言以及语法规则既不由任何一个个人创造，也不由某一个组织所控制。

BitTorrent 是内容分发协议，采用高效的软件分发系统和点对点技术共享文件。BitTorrent 的用户之间可以互相转发自己已有别人却没有的文件部分。因此，其在逻辑维度和架构维度上是去中心化的，但是在组织维度上是中心化的，因为它受某一家公司的独立控制。

区块链，由于没有任何一个人或者组织可以控制区块链，因此其在组织维度上是去中心化的；在架构维度上，因为建立区块链网络的基础设施也不受任何一个统一的服务器管理，因此也是去中心化的；但在逻辑维度上，因为每一个区块链网络，例如，比特币区块链网络、以太坊区块链网络等，都存在自己的一个普遍性共识，其整个网络的运行更像是一台单独的计算机，因此其是中心化的。

9.3　去中心化的优势和特点

总体来说，去中心化的优势和特点可以总结成 3 个方面：容错性、抗攻击性以及抗合谋性。

9.3.1　容错性

去中心化系统几乎不可能因为意外而宕机，因为它依赖于许多独立工作且不容易宕机的组件运行。

容错性就是降低因出错而导致整个系统宕机或崩溃的概率。例如，一台计算机出错和 10 台计算机中 5 台同时出错的概率，哪个更大？显然是前者。容错性在现实生活中已经得到了广泛的应用。

可是，去中心化的容错能力有时也会很弱，其原因在于"共模故障"。例如，4 台喷气发动机确实比一个喷气发动机更不容易出现故障，但是如果这 4 台喷气发动机都是由同一家工厂生产的，并且这 4 台发动机的故障都是由同一个不合格员工引起的呢？ 4 台喷气发动机出现故障的概率要远超一个喷气发动机，这就是"共模故障"。若出现"共模故障"，则依靠增加设备数量来降低故障率的行为反而不会有效。

那么，今天的区块链技术是否能够抵御"共模故障"？这还无法确定。因为有如下场景。

（1）一个区块链系统的所有节点都运行相同的客户端软件，而这个客户端软件有一个 bug。

（2）一个区块链系统的所有节点都运行相同的客户端软件，而负责该客户端软件研发的团队被证明存在问题。

（3）提出升级该区块链系统的研究团队存在问题。

（4）在一个共识机制为 POW（工作量证明）的区块链系统中，70% 的机器都在同一个国家（地区），这个国家（地区）接管了所有的计算机设备。

（5）大多数应用于哈希计算的硬件设备都由一家公司制造，而这家公司在哈希计算的硬件设备上增加"后门"，通过"后门"能够让所有的用于哈希计算的硬件设备随时关闭。

（6）在一个共识机制为 POS（权益证明）的区块链系统中，70% 的数字资产由一个交易所持有。

整体看来，对于去中心化系统的容错能力，我们要考虑以上所有问题并尽可能地让这些问题最小化。以下是一些常见的解决方案。

（1）去中心化系统中存在多个相互竞争的客户端软件。

（2）协议升级的技术知识必须普及，以便让更多的人能够共同参与研究并讨论，更改那些显然不好的协议。

（3）核心的开发人员和研究人员应该受雇于多家公司或组织（或者，他们中的许多人可以是志愿者）。

（4）应该尽量用减少去中心化风险的思路来设计算法。

（5）理想情况下，我们使用 POS 共识机制来避免硬件的中心化风险。

9.3.2　抗攻击性

抗攻击性指的是对去中心化系统进行攻击破坏的成本要更高。

这可以让我们得出区块链设计机制中的 3 个关键点。

第一，相比 POW 机制，POS 机制更安全。因为用于 POW 进行哈希计算的计算机硬件很容易被检测、管理或攻击。而基于 POS 机制的数字货币相对计算机硬件而言更容易隐藏。此外，POS 还具有较强的抗攻击性。

第二，开发区块链的团队分布得越广泛（包括地理位置上的分布）就越有利于安全。

第三，在设计共识协议时，需要同时考虑经济模型和容错模型。

9.3.3　抗合谋性

抗合谋性，可以说是这 3 个方面中最复杂的一个。

例如，反垄断法设置了监管障碍，为的就是阻止市场的参与者聚集起来，损害消费者和社会的利益，以此获得超额利润。

由此可见，这种反合谋的尝试，在现实世界的各种复杂机构中随处可见。

在区块链协议里，建立共识背后的数学原理和经济学原理往往严重依赖于这种"反合谋"的设计模型。假设整个系统的运行由许多独立决策的小参与者实现。那么，任何一个参与者在一个 POW 系统中得到了超过三分之一的算力时，他就可以通过作弊来获得超额的利润。当比特币网络中 90% 的算力都能够很好地协作工作时，我们真的能说这种"反合谋"的设计模型是可行的吗？

区块链的开发者相信区块链更安全，因为它不能任意被改变协议本身的规则。但如果软件和协议的开发者都服务于同一家公司、同属于一个家族、都坐在同一间屋子里，这种情况就很难防范。

因此，一个区块链网络结构越不容易合谋，其就越安全。

但是，这实际上是一个悖论。

许多社区，包括以太坊社区，用户常常称赞其有强大的社区精神，有迅速完成执行和激活硬分叉用以解决协议中拒绝服务的问题的优势。但是，如何去培养这种良好的协作关系，同时又要防止那些不良的合作关系是我们要深入思考的问题。

要解决这个问题，则需要做到以下 3 点。

（1）不要试图减少合谋，而是要尝试用协议的方式来抵抗合谋。

（2）试着找到一个折中的办法，允许协议开发者有足够的协调空间来帮助其更好地发展，同时又不足以演变成合谋而产生攻击行为。

（3）尝试区分好的协调关系和坏的协调关系，并且让前者容易实现，后者难以实现。

其中第一点，构成了以太坊的 Casper 设计理念的一大部分。但是，只有第一点是不够的，因为仅依靠经济学的方式并不能解决去中心化的另外两类问题。

第二个方法很难进行下去。第三个方法则代表了一个社会学的挑战，用社会干预的方式来提升参与者对该区块链社区的忠诚度，并替代或阻止各方参与者对彼此直接产生的忠诚。

促进不同的参与者在同样的语境下进行沟通，这样一来，不管是验证者还是开发者，都不会把自己归为一个群体，这样就能减少他们协调起来对抗其他群体的可能性。

　　在设计协议时，尽量避免产生以下情况：验证者和矿工彼此形成一对一的"特殊关系"、中心化的中继网络，以及其他类似的超级协议机制。

　　防合谋性的去中心化，可能是目前最难实现的了。

第 10 章　密码学基础

在信息时代，密码学和安全技术的重要性已经得到共识。如果没有密码学和信息安全的研究成果，信息时代的发展就不会这么迅猛。在基于区块链技术的系统中，大量的密码学与安全技术被用来保证系统的安全。本章我们将有针对性地学习一些与区块链技术相关的密码学和安全技术基础知识，包括哈希算法数字签名等，并通过对这些基础知识的学习，了解如何使用这些技术来更好地设计 Web 3 产品。

10.1　密码学知识

10.1.1　密码学概述

密码学是对所传递信息采取秘密保护，以防止第三方对信息窃取的一门学科。密码通信的历史非常久远，起源可以追溯到古埃及、古罗马和古希腊。有记载的加密方法大约起源于古希腊战争中的隐写术以及斯巴达人发明的"塞塔式密码"。"塞塔式密码"的加密过程是把长条"纸"螺旋斜绕在一根棍子上，然后沿棍子的水平方向书写文字。这样处理过之后，"纸条"上的文字顺序是混乱的，这就是密文。但是如果知道棍子的粗细，可以将"纸条"绕在另一根同等粗细的棍子上，这样人们就能看到原始的信息了，这是最早的"密码技术"。我们这里明确几个概念：明文——消息的初始形式，密文——加密后的形式，密钥——指某个用来完成加密、解密、完整性验证等的秘密信息。

如果我们将明文记为 P，密文记为 C，加密算法记为 E，解密算法记为 D，则 C = E(P)，P = D(C)；则要求密码系统满足 P = D(E(P))。

10.1.2　古典密码学

古典密码学或者叫经典密码学应用在军事和外交领域，其特点是只考虑消息的机密性，加解密过程简单，达到的目标是将可理解的消息转换成难以理解的消息。

比较经典的两种算法是置换算法和代换算法。

置换算法：加密过程中明文和密文的文字相同，但是顺序不同。我们只需要按规则恢复密文顺序即可得到明文。例如，本节开始举的"塞塔式密码"的例子。

代换算法：是指建立一个代换表，加密时将需要加密的明文依次通过查表，替换为相应的字符，明文字符被逐个替换后，生成无任何意义的字符串，即密文。这样的代换表称为密钥。

10.1.3　现代密码学

现代密码学的发展开始于 19 世纪 70 年代，计算机技术以及电子学的发展成为密码学向安全和复杂方向发展的基础，由于二进制形式的资料可以由计算机来加密，所以加密信息不再局限于手写的文字、字母和数字。任何二进制形式的字符串都可以在计算机中被加密。公开的密码学方面的研究出现于现代，标志性事件有以下 3 个。

（1）1976 年，Diffie 和 Hellman 在《密码学的新方向》一书中提出了公钥密码学体制的思想；（2）1977 年，美国国家标准局制定数字加密标准（DES）；（3）1978 年，第一个公钥算法 RSA（由 Ron Rivest、Adi Shamir 和 Leonard Adleman 的姓氏首字母组成）公开发布。

现代密码学也开始有了分支，主要有 3 个方向：私钥密码（对称密码）、公钥密码（非对称密码）、安全协议。

10.1.4　哈希函数

1. 哈希函数的概念和特点

哈希函数是一类数学函数，可以在有限合理的时间内，将任意长度的消息经过哈希运算转化为固定长度的输出值，并且是不可逆的。其输出值称为哈希值，也称为散列值、杂凑值、杂凑码。哈希函数也被称为散列函数、杂凑函数。哈希值在消息传输过程中提供了一种错误检测能力，即改变消息中任何一个比特都会使哈希值发生改变，哈希函数的运算示例如图 10-1 所示。

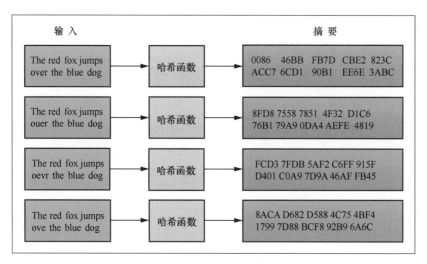

图 10-1　哈希函数的运算示例

哈希函数（Hash）的一般公式：$h = H(Data)$。

哈希函数 H，将可变大小的数据 Data 作为输入，产生固定长度的 h 值。

以哈希函数为基础构造的哈希算法，在现代密码学中扮演着重要的角色，常用于实现数据完整性和实体认证。哈希函数本身拥有的特征如下。

（1）输入任意性：函数的输入可以是任意大小的数据（实际上并不是任意的，例如 SHA-1 要求数据大小不超过 2^{64}）。

（2）输出固定性：函数的输出是一个固定大小的数据（如 SHA-1 的输出是 160 比特，SHA-256 的输出是 256 比特）。

（3）能够进行有效计算：也就是说在一个合理的时间内，能够对输入数据进行运算，得出输出。

对于区块链技术以及加密数字货币而言，人们要使应用的哈希函数达到密码安全的水平，其应具有以下特性。

- 碰撞阻力

碰撞的概念：如果有两个不同的值 X、Y，$H(X) = H(Y)$ 成立，则称哈希函数 H 产生了碰撞。而碰撞阻力是指无法找到两个不同的值 X、Y 使得 $H(X) = H(Y)$。

基于碰撞阻力的解释和哈希函数的特性，人们会很容易认为产生碰撞是一个必然的现象。因为哈希函数的输入是任意大小的数据，而输出是固定大小的数据。这就意味着输入的数据范围比输出的数据的范围大，因此碰撞是必然的。

例如，如果我们定义哈希函数的输出只有 0 和 1 两种结果，那么很显然碰撞是很容易发生的。

那么一个优良的哈希函数，应该是这样的：

任意 y，找 x，使 $H(x) = y$，非常困难；

给定 $x1$，找 $x2$，使 $H(x1) == H(x2)$，非常困难；

找任意的 $x1$、$x2$，使 $H(x1) == H(x2)$，非常困难。

例如，对于一个 256 位输出的哈希函数而言，其产生碰撞的最坏的情况是要进行 $2^{256}+1$ 次哈希运算，平均也要 2^{128} 次哈希运算。这个量级，差不多是一台 PC 计算 10^{27} 年的时间。所以，我们可以认为这种情况是具有碰撞阻力的。

正是因为有了碰撞阻力，所以才有了哈希上链（把哈希函数用到区块链上）的说法。所谓哈希上链是典型的存证场景：这个场景可以让我们将哈希输出作为信息摘要写进区块链的区块结构中。例如，有一份非常重要的文件，文件非常大，将文件本身写入区块链中不可行，但是文件的所有者 A 又希望该文件在后续的使用中安全可靠，不会有被篡改的风险。于是所有者 A 将该文件做了一次哈希运算，并将哈希值写入区块链中。后续在使用该文件的过程中，人们只需要对文件做一次哈希运算，并与在区块链中的哈希值进行对比即可。如果哈希值相同，则证明没有被篡改，如果哈希值不同，则证明文件被篡改过。

• 单向性（隐秘性）

单向性（隐秘性）是指，我们只知道哈希函数的输出 $h = H(X)$，但没有可行的算法算出输入值 X。

常见的哈希算法包括 MD 和 SHA 系列，例如，有 MD4、MD5、SHA-1、SHA-224、SHA-256、SHA-384、SHA-512、SM3 等。目前，MD5 和 SHA-1 已经被破解，一般推荐使用 SHA-256 或更安全的算法。

比特币系统中使用了两个密码学哈希函数，一个是 SHA-256，另一个是 RIPEMD160。RIPEMD160 主要用于生成比特币地址，SHA-256 是构造区块链所用的主要密码学哈希函数。

● 哈希指针及数据结构

哈希指针是一种数据结构，是一个指向数据存储位置的哈希值指针。我们在学习 C 语言时知道一个普通的指针就是一个地址，能够指向数据存储的位置。但是哈希指针不仅能够告诉你数据存储的位置，还能告诉你这个位置的数据是否被篡改过。

通过哈希指针构建的链表，实际上就是区块链，普通链表结构如图 10-2 所示。

图 10-2　普通链表结构

区块链结构，如图 10-3 所示。

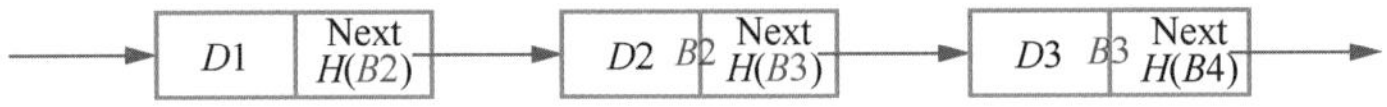

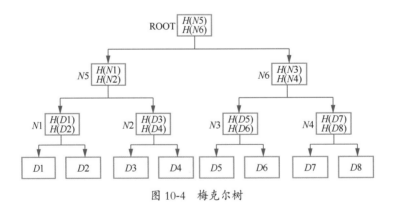

图 10-3　区块链结构

因此，区块链的一个典型应用就是"防篡改"。

梅克尔树（Merkle Trees）：它是使用哈希指针的二叉树。梅克尔树的结构中所有的数据块都被两两分组，每两个数据块的哈希指针被存入这两个数据块的父节点中，两个父节点的哈希指针又被存入它们的父节点中。以此类推，一直到梅克尔树的根节点。其结构如图 10-4 所示。

图 10-4　梅克尔树

梅克尔树的特点——隶属证明。

假设需要证明某一个数据区块隶属于某一个梅克尔树，只要展示数据区块的信息，以及数据区块通向树根节点的区块信息即可验证。

如图 10-5 所示，如果我们要验证 $D3$ 是否属于 ROOT 树，则只需要展示 $D3$、$N2$、$N5$ 这几个节点的信息。

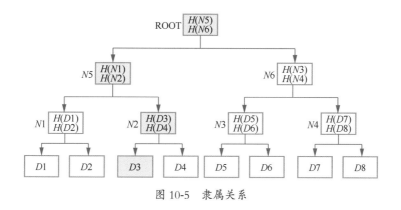

图 10-5　隶属关系

哈希函数的评价标准：正向快速，给定明文和哈希算法，在有限时间和有限资源内能计算得到哈希值；逆向困难，给定（若干）哈希值，在有限时间内很难（基本不可能）逆向推出明文；输入敏感，原始输入信息发生任何改变，新产生的哈希值都应该出现很大不同；避免冲突，很难找到两段内容不同的明文，能使它们的哈希值一致（发生碰撞）。

2. 哈希函数的发展

（1）MD 族。

1978 年，Ralph C. Merkle 和 Ivan Damgard 设计了 MD 迭代结构。1993 年，上海交通大学的来学嘉教授将其改进为 MD 加强结构。在 20 世纪 90 年代初，麻省理工大学计算机科学实验室（MIT Laboratory for Computer Science）和 RSA 数据安全公司的 Rivest 设计了哈希算法 MD 族，MD 代表消息摘要，巧合的是，这也是 Merkle 和 Damgard 的首字母组合。

MD 族中的 MD2、MD4 和 MD5 都产生了一个 128 位的信息摘要。MD2 是 1989 年被开发出来的算法，在这个算法中，首先对信息进行数据补位，使信息的字节长度是 16 的倍数。然后，以一个 16 位的检验和追加到信息末尾。并且根据这个新产生的信息计算出哈希值。

MD5 是由美国密码学家 Ronald Linn Rivest 在 1991 年设计的，经 MD2、MD3 和 MD4 发展而来，输出的是 128 位固定长度的字符串。

值得一提的是，MD5 已经被我国密码学家王小云破译，即在有效的时间内可以找到大量碰撞。

RIPEMD-128/160/320 是著名密码学家 Hans Dobbertin 设计的。在结构上，RIPEMD-160 可以被视为两个并行的类 MD5 算法，这使得 RIPEMD-160 的安全性大大提高。

（2）SHA 系列。

SHA 系列算法是美国国家标准与技术研究院（National Institute of Standards and Technology，NIST）根据 MD4 和 MD5 开发的算法。

SHA-0 被正式地称作 SHA，这个版本在发行后不久被指出存在弱点。SHA-1 是 NIST 于 1994 年发布的，它与 MD4 和 MD5 算法非常相似，被认为是 MD4 和 MD5 的后继者。SHA-2 实际上分为 SHA-224、SHA-256、SHA-384 和 SHA-512 算法。

我们这里对具体的哈希算法不详细讨论，感兴趣的读者可以查阅密码学相关图书加以学习。

3. 哈希函数在区块链中的应用

除了上文中已经提到的梅克尔树，区块链还有很多地方也用到了哈希函数，如地址的生成、难度的设置等。

（1）地址的生成。

在比特币的交易中，我们可通过区块链浏览器查询一笔交易的哈希和输入 / 输出地址，如图 10-6 所示。

在上述交易中，地址（bc1qr767xp3slhyewsuwkqmemsves4qpt56l8262ds）是由钱包的公钥经过哈希函数转换而生成的。而公钥又是由随机数构成的私钥通过非对称加密而形成的。交易时，公钥和比特币地址都需要公开发布，用以确保区块链系统验证付款交易的有效性。

以太坊地址的生成过程类似，首先用一个 256 位的随机数作为私钥（32 比特）；然后用私钥和椭圆曲线 ECDSA-specp256k1 算法来计算公钥（65 比特）；再利用 Keccak-256 算法计算公钥的哈希值，这个哈希值的长度是 32 比特，最后取这个哈希值结果的前 20 比特，即以太坊的地址。

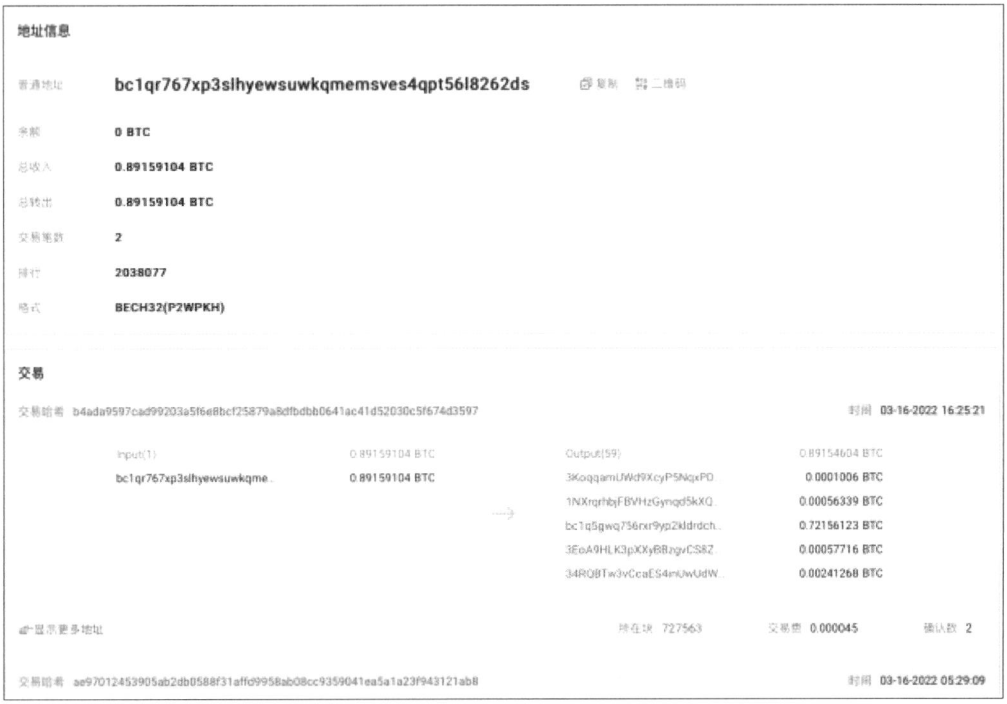

图 10-6　区块链浏览器查询结果

（2）难度的设置。

比特币难度是对计算程度的度量，指的是计算符合给定目标的一个哈希值的困难程度，如图 10-7 所示的区块信息，我们看到当前区块的难度为 27550332084343.84，那么这个值是什么意思又是怎么得来的呢？

难度值在区块中并不记录，难度值的计算公式：

$$\text{diffculty} = \frac{\text{difficulty\_1\_target}}{\text{current\_target}}$$

此处的 difficulty_1_target 为一个常数，非常大的一个数，长度为 256 比特，前 32 位为 0，后面全部为 1，一般显示为 0x00000000FFFFFFFFFFFFFFFFFFFFFFFFFFFFFFFFFFFFFFFFFFFFFFFFFFFFFFFFFF，表示最大难度。由计算公式可以得知目标值（current_target）越小，区块生成难度越大。difficulty_1_target 表示去中心化虚拟货币网络最初的目标哈希，

current_target 是当前块的目标哈希。

哈希函数在区块链技术中的应用还有很多，例如，数字签名、软件发布、算力计量等。

区块信息

727568

00000000000000000001a142b381e6a65ee6eead8e3308fb0f98303a1336bc40

时间	**03-16-2022 17:13:28**
大小	**694380 Bytes**
交易费	**0.03893925 BTC**
确认数	**1**
转账总额	**3358.99159976 BTC**
难度	**27550332084343.84**
交易数量	**961**
上一个区块：	00000000000000000003b1dfba78a3a7aa21cad0e55007465ad1c4a135d95816
下一个区块：	
梅克尔树根哈希	**90d3922e4b6ebc3eb9a75f02bd47e08eaeac32e8249150401c84182606cd695f**
播报方	**1GNgwA8JfG7Kc8akJ8opdNWJUihqUztfPe**

图 10-7　区块信息

10.1.5　对称加密

对称加密，又称密钥加密或私钥加密。对称的含义是加密过程和解密过程使用相同的密钥。在前面已经提到，密码系统需要满足 $P = D(E(P))$。如果将密钥记为 K，密钥的加密算法记为 $C = E(K,P)$，则密码系统需要满足 $P = D(K,E(K,P))$。对称加密工作过程如图 10-8 所示。

对称加密算法的优点是算法公开、计算量小、加密速度快、加密效率高。

对称加密算法的缺点是数据传输的参与方需要提前持有密钥，并且能够安全保存密钥。如果参与方中有一方的密钥被泄露，那么加密信息就不安全了。另外，分发密钥的过程也必须是安全的，否则同样会引发密钥泄露，从而导致加密信息的不安全。因此，对称

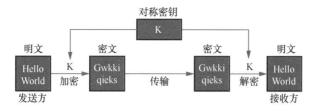

图 10-8 对称加密工作过程

加密的安全性不仅取决于加密算法本身，密钥管理的安全性也很重要。

对称密码从实现原理上可以分为两种，一种是分组密码，另一种是序列密码。分组密码是将明文切分为一定长度的数据块作为基本加密单位。序列密码是每次只对一字节或字符进行加密处理，且密码不断变化。分组密码的应用场景比较广泛，序列密码则只用在一些特定领域。

对称加密算法的代表有 DES、3DES、AES、IDEA、SM4 等。

DES（Data Encryption Standard，数据加密标准）是经典的分组加密算法，分组长度为 64 位，将 64 位明文加密为 64 位的密文，其密钥长度为 56 位，有 8 位校验位。

3DES（Triple Data Encryption Standard，三重数据加密标准）不是一种新的算法，不过其加密过程和加密强度优于 DES，分组长度为 64 位，密钥长度为 168 位、112 位或 56 位。

AES（Advanced Encryption Standard，高级加密标准）是一个算法标准，它也是分组算法，分组长度为 128 位，密钥长度为 128 位、192 位或 256 位。AES 的优势在于处理速度快。

IDEA（International Data Encryption Algorithm，国际数据加密算法）是在 DES 算法的基础上发展出来的，在实现上比 DES 要快得多，密钥长度为 128 位，具有更好的加密强度。

SM4 是我国自主设计的分组对称密码算法，用于实现数据的加密 / 解密运算，以保证数据和信息的机密性。该算法的分组长度为 128 位，密钥长度为 128 位。SM4 于 2006 年公开发布，并于 2012 年 3 月成为密码行业标准，2016 年 8 月成为国家标准，2021 年 6 月成为国际标准。

序列密码又称流密码，需要对数据进行逐一加密或者解密。它具有实现简单、加解密处理速度快、没有或只有有限的错误传播等特点，典型的应用领域包括无线通信、军事领域等。其安全性能主要取决于密钥流或者密钥流产生器的特性。但是作为密码学的一个分支，流密码的设计与分析成果大多还是保密的，目前可以公开见到的较为有影响力的流密码算法有 A5、SEAL、RC4、PIKE 等。

A5 算法，1989 年由法国人开发，用于电话端到基站连接的加密，也就是我们打电话时通信数据的发送方、基站和接收方之间的加密。主要加密过程是每次通话时，基站会产生一个 64 位随机数，与手机 SIM 卡中的密码进行加密，生成一个密钥。这个密钥就成了此次通话的密钥，通话结束后，密钥也就失效了。

SEAL 算法是由 IBM 公司的 Phil Rogaway 和 Don Coppersmith 设计的。SEAL 算法的实现速度比 DES 算法快 10 倍以上。

RC4 算法，是由 Ron Rivest 设计的密钥长度可变的流加密算法簇。RC4 算法是一种应用在电子信息领域的加密技术，是一种电子密码。

PIKE 算法是由剑桥大学的 Ross Anderson 教授于 1995 年提出的，采用了 A5 算法的基本设计思想，是一个较新的算法。

10.1.6　非对称加密

非对称加密是现代密码学历史上的一项伟大的发明，能够很好地解决对称加密中密钥提前分发的问题。非对称加密算法也称为公钥加密算法。非对称加密算法需要不同的两个密钥来进行加密和解密，这两个密钥一般分别叫作公钥和私钥。加密与解密的密钥不同，将加密密钥记为 KD，解密密钥要记为 KE，则密码系统需要满足：$P = D(KD,E(KE,P))$。

公钥和私钥成对出现，是通过某一种加密算法得到的一个密钥对，公钥是密钥对中公开的部分，私钥则是非公开的部分。使用这个密钥对时，如果用其中一个密钥加密一段数据，必须用另一个密钥解密。比如用公钥加密数据就必须用私钥解密，如果用私钥加密数据则必须用公钥解密，否则解密将不会成功。

非对称加密的工作过程如图 10-9 所示。

步骤 1：A 通过随机算法，生成一对密钥，有公钥和私钥。

步骤 2：A 将公钥公开，分发给 B、C、D。

步骤 3：B 想给 A 发送一条信息，首先用 A 的公钥对这条信息加密，然后将加密后的信息（密文）传播给 A，A 在接收到信息之后，用自己的私钥进行解密，从而得到 B 给自己发的信息原文。

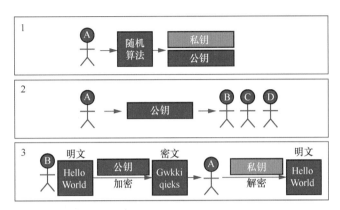

图 10-9　非对称加密的工作过程

　　非对称加密算法的优点是公私钥分开，公钥分发不用考虑安全性问题。缺点是加密 / 解密的整个过程效率不高，尤其是密钥对生成过程以及解密过程，加密强度也往往不如对称加密算法。

　　对称加密指的是在加密和解密时使用同一个密钥，非对称加密指的是在加密和解密时使用不同密钥。对称加密涉及密钥管理的问题，尤其是密钥交换，它需要双方在通信之前先通过另一个安全的渠道交换共享的密钥，才可以安全地把密文通过不安全的渠道发送；非对称加密则容许加密公钥公开，解密的私钥不发往任何用户，只在一方保管。由于非对称加密的特性，非对称加密可用于形成数字签名，使数据和文件受到保护并可信赖；如果公钥通过数字证书认证机构签授成为电子证书，便可作为数字身份的认证，这都是对称加密无法实现的。非对称加密在计算上相当复杂，性能欠佳，远远比不上对称加密；在实际应用中，往往通过公钥加密来随机创建临时的对称密钥，然后才通过对称加密来传输数据。

　　非对称加密的代表算法包括：RSA、Diffie-Hellman 密钥交换算法、ElGamal、椭圆曲线、SM2 等。

　　RSA 算法：经典的公钥算法，它在公开密钥加密和电子商业中被广泛使用。RSA 是由 Ron Rivest、Adi Shamir 和 Leonard Adleman 在 1977 年一起提出的。RSA 就是他们 3 人姓氏开头字母拼在一起组成的，3 人在 2002 年获得图灵奖。图 10-10 展示了 3 人正在工作的照片。

　　RSA 加密算法基于一个十分简单的数论事实：将两个大素数相乘十分容易，但是想要对其乘积进行因式分解却极其困难，因此可以将乘积公开作为加密密钥。对极大整数做因式分解的难度决定了 RSA 算法的可靠性，即因式分解越困难，RSA 算法越可靠。到目前为止，RSA 算法还没有被破解。普遍认为它是目前最优秀的非对称加密算法之一。

图 10-10　Ron Rivest、Adi Shamir、Leonard Adleman

　　Diffie–Hellman 密钥交换算法：是一种安全协议，可以让双方在没有对方任何信息的条件下通过不安全通道创建一个密钥。这个密钥可以在后续的通信中作为密钥来加密通信内容。

　　ElGamal 算法：基于 Diffie–Hellman 密钥交换算法，由 Tather ElGamal 在 1985 年设计并提出，它是一种基于离散对数难题的加密体系，与 RSA 算法一样，既能用于数据加密，也能用于数字签名。ElGamal 算法基于离散对数问题，利用了模运算下求离散对数困难的特性。即使是使用相同的私钥，对相同的明文进行加密，每次加密后得到的签名也各不相同，可有效地防止网络中出现的重放攻击。它常被应用在一些安全工具中。

　　椭圆曲线算法：这也许是大家在最近一段时间听到得最多的一种加密算法了，因为这种算法被成功地应用在了比特币上。它被认为具备较高的安全性，但加解密计算过程往往比较费时。椭圆曲线系列算法还有椭圆曲线数字签名算法，这是一种被广泛应用于数字签名的公开密钥加密算法；椭圆曲线迪菲 - 赫尔曼金钥交换，这是一种匿名的密钥合意协议，是迪菲 - 赫尔曼密钥交换的变种，采用椭圆曲线密码学来加强密码的安全性。

SM2（ShangMi 2）：基于椭圆曲线算法，加密强度优于 RSA 系列算法，计算复杂度为完全指数级，密钥生成速度较 RSA 算法快百倍以上，解密 / 加密速度也比较快。

10.1.7　量子密码学

量子密码学与传统密码学的理论基础是不一样的，量子密码学基于物理学作为安全模式的关键方面，而不是数学。量子密码学泛指利用量子力学的特性来加密的科学。如果用量子密码学传递数据，则此数据将不会被任意获取或被插入另一段具有恶意的数据，数据流将可以安全地被编码及译码。

量子密码学最著名的例子是量子密钥分发，而量子密钥分发提供了通信双方安全传递密钥的方法，且该方法的安全性可被信息论所证明。量子密码学的优势在于可达成经典密码学无法企及的效果。例如，以量子态加密的信息无法被克隆。又例如，任何试图尝试读取量子态的行动，都会改变量子态本身，这使得任何窃听量子态的行动都会被发现。

10.1.8　"密码朋克"小组

"密码朋克"源自几十年前的一个聚会。当时的美国加州旧金山湾区，有一个毫不起眼的小楼，里面有一家名为 Cygnus Solutions 的公司，这家公司是计算机科学家 John Gilmor 为了让自由软件能得到更好的发展而建立的。

1992 年的某个周六，一个小范围讨论会议在这里举行。这个会议由 Eric Hughes、Timothy C. May（英特尔的电子工程师和高级科学家）和 John Gilmor 主导。他们邀请了身边 20 个关系最要好的朋友参加。这个会议延续了下去，初期还是私人聚会的形式，后来变成了月度会。

在首次会议上，Jude Milhon（一位黑客兼密码学家）以及 John Gilmor 提出把这个组织称作"密码朋克"。

随着"密码朋克"小组的不断发展，他们决定建立一个邮件列表，继而能够接触到湾区以外的其他类似"密码朋克"的组织。短时间内，他们的邮件列表便迅速流行起来，订阅用户量也不断提高，用户们开始交流想法、讨论发展。所有这些交流信息都被加密，因此每个人的隐私都得到了保护。

这种隐私和自由的结合，使大量主题思想得到了自由讨论，包括数学、密码学、计算机科学，等等。虽然在很多事情上大家的意见都没有达成一致，但作为一个开放的论坛，"密码朋克"小组汇集了许多技术精英，很多人在密码学和计算机科学上取得过重大成果。

据统计，比特币诞生之前，"密码朋克"的成员讨论或发明过的失败的数字货币和支付系统多达数十个。

"密码朋克"的基本理念可以在 Eric Hughes 1993 年撰写的《密码朋克宣言》中找到，而支撑他当时发布宣言的关键原则，就是对隐私重要性的笃信。如今我们回过头再看，会发现当时这些原则其实就是用于支持和构建比特币的基本想法。

10.2　安全技术知识

10.2.1　数字签名和数字证书

数字签名被认为是对手写签名的数字化，基于非对称加密，既可以用于证明某数字内容的完整性，又可以确认来源。

手写签名的重要特征如下：

（1）自己手写的签名只有自己可以完成；

（2）自己手写的签名可以由其他任何人验证有效性；

（3）自己手写的签名只与某一特定文件发生联系，不能用于支持其他文件。

如前文所述，非对称加密算法需要公钥和私钥进行加密和解密，加密与解密的密钥不同。公钥和私钥成对出现，非对称加密的过程为步骤 1 到步骤 3，如图 10-9 所示。

步骤 1：A 通过随机算法，生成一对密钥，有公钥和私钥。

步骤 2：A 将公钥公开，分别发给 B、C、D。

步骤 3：B 想给 A 发送一条信息，首先用 A 的公钥对这条信息加密，然后将加密后的信息（密文）传播给 A，A 在接收到信息之后，用自己的私钥进行解密，从而得到 B 给 A 的信息原文。

数字签名就是只有信息的发送者才能产生的别人无法伪造的一段数字串，这段数字串同时也是对信息的发送者发送信息真实性的一个有效证明。数字签名的生成和使用过程如图 10-11 所示。

步骤 4：A 对要发送的信息进行哈希运算（Hash），得到摘要，并用私钥进行加密，生成这条信息的数字签名。

步骤 5：A 将所要发送的信息和数字签名同时发送给 B，B 利用 A 的公钥来对此数字签名解密，从而确定该信息的确来自 A。另外，B 通过对 A 发送的摘要与解密得到的摘要进行对比，可以确定该信息是否被篡改过。

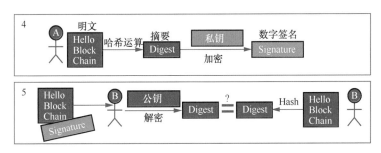

图 10-11　数字签名的生成和使用过程（步骤 4 ～ 5）

对于非对称加密算法和数字签名来说，公钥的分发是非常重要的一个环节。理论上，任何人都可以公开获取公钥。但是，一旦这个公钥出了问题，那么建立在其上的安全体系的安全性将不复存在。整个非对称加密系统将失效。为了解决这个问题，数字证书的概念被相关人士提出。

接着上面的例子，如果 C 想欺骗 B，C 可用自己的公钥替换掉 A 的公钥。如此，B 实际拥有的是 C 的公钥，但是却以为是 A 的公钥。因此，C 就可以用自己的私钥做成"数字签名"，发邮件给 B，然后让 B 用被替换过的 A 的公钥进行解密，从而完成欺骗。

为了避免上述问题发生，B 想到了一个办法，就是要求 A 去找一个机构对公钥做认证。这个认证就是用这个机构的私钥和一些相关信息对 A 的公钥加密，生成一个新的被认证的文件，这个文件就被称为"数字证书"。

　　数字证书的作用类似于驾照或者身份证，是一种权威性的电子文档，它是由一个权威机构——CA（Certificate Authority，证书授权中心）发行。在互联网中人们可以用它来识别对方的身份，它提供了一种在网络上验证身份的方式。显然，CA 作为权威的、公正的、可信赖的第三方，其作用是至关重要的。

　　接着上面的例子，A 拿到数字证书之后，再发邮件给 B 时，在邮件上附上数字证书就可以了。B 收到邮件以后，用 CA 的公钥对数字证书进行解密，就可以拿到 A 真实的公钥了，然后就能够证明"数字签名"是否真的是 A 的。

　　在这里还要明确几个问题，在传输过程中，数字证书也有可能被篡改。因此数字证书也应该是经过数字签名的。B 收到邮件以后是用 CA 的公钥进行解密的，那么 B 是否要存储非常多的 CA 公钥呢？其实是不需要的，CA 认证中心的组织结构如图 10-12 所示。

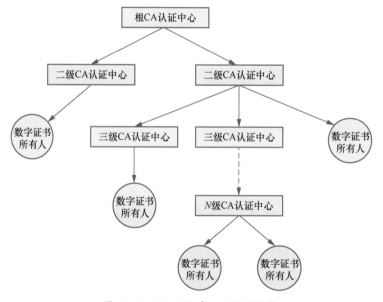

图 10-12　CA 认证中心的组织结构

　　各级 CA 认证中心构成一个树状结构，根 CA 认证中心可以授权多个二级的 CA 认证中心，同理二级 CA 认证中心也可以授权多个三级的 CA 认证中心，用户可以向根 CA 认证中心，或者二级、三级的 CA 认证中心申请数字证书，这是没有限制的，当用户成功申请后，用户就是数字证书所有人。值得注意的是，根 CA 认证中心是有多个的，也就是说会有多棵这样的结构树。不管 A 从哪个 CA 分支机构申请的证书，B 只要预存根证书就可以验证下级证书的可靠性。

那么，根证书的可靠性如何验证呢？答案是无法验证，因为根证书是一个自验证证书，CA 机构是获得社会绝对认可和有绝对权威的第三方机构，这一点保证了根证书的绝对可靠。如果根证书都有问题，那么整个加密体系就会变得毫无意义。

比特币采用 ECDSA 算法保证交易的安全性，就是用户利用私钥对交易信息进行签名，并把签名发给计算设备，计算设备通过验证签名来确认交易的有效性。

其他数字签名的概念还有盲签名、多重签名、群签名和环签名，具体内容如下。

盲签名（Blind Signature）是由 David Chaum 在论文 *"Blind Signatures for Untraceable Payment"* 中提出的。签名者需要在无法看到原始内容的前提下对信息进行签名，例如，先在文件上面覆盖一层复写纸，然后放到信封里。签名人并不知道文件内容，只需要在信封上进行签字，因为复写纸的作用，实际完成了在文件上的签字。

盲签名一方面可以实现对签名内容的保护，防止签名者看到原始内容；另一方面，盲签名还可以实现防止追踪，签名者无法将签名内容和签名结果进行对应。

多重签名（Multiple Signature），简称多签。如果一个地址只能由一个私钥签名，就是单签，表现形式就是 1/1；如果一个地址可以由多个私钥签名，就是多签，表现形式是 m/n，即 n 个签名者中，收集到至少 m 个（$n \geqslant m \geqslant 1$）签名，即认为合法。

多重签名可以有效地被应用在多人投票共同决策的场景中。例如，双方进行协商，第三方作为审核方。三方中任何两方达成一致即可完成协商，或者称为 2/3 签名。比特币交易中就支持多重签名，可以实现多个人共同管理某个账户的比特币交易。

群签名（Group Signature）于 1991 年由 David Chaum 和 Eugene van Heyst 提出。群签名指的是在一个群体中的任意一个成员可以以匿名的方式代表整个群体对消息进行签名。签名可以验证消息是否来自该群组，却无法准确追踪到签名的是哪个成员。也就是说，看到签名的人可以用公钥验证该消息是由该群成员发送的，但不知道是哪一个成员。群签名方案的关键是"群管理员"，它负责添加群成员，给群成员颁发群证书，并能够在发生争议时揭示签名者身份。因此，群成员不能滥用匿名签名的行为，因为群管理员可以通过使用密钥来消除成员的匿名性。

环签名（Ring Signature），由 Rivest、Shamir 和 Tauman 三位密码学家在 2001 年首次提出，属于一种简化的群签名。环签名中只有环成员，没有管理者，不需要环成员间的合作。在环签名生成过程中，真正的签名者任意选取一组成员（包含他自身）作为可能的签名者，用自己的私钥和公钥以及其他成员的公钥对文件进行签名。签名者选取的这组成员称作环（Ring），生成的签名称作环签名。环签名在保护匿名性方面有很多的用途。典型的应用场景是匿名举报。例如，在一个组织内，举报人可以使用组织内其他成员的公钥联合自己的公私钥对举报签名，验证者会看到确实是组织内的人发起了举报，但不会知道是哪一个组织成员。这样，既确保了举报的真实性，又隐藏了举报人，从而实现了匿名举报。

10.2.2　公钥基础设施

PKI（Public Key Infrasturcture，公钥基础设施）是一个包括硬件、软件、人员、策略和规程的集合，PKI 能够为所有网络应用提供加密、数字签名等密码服务以及所需要的密钥和证书管理体系。PKI 中加密技术是基础，证书服务是核心。

PKI 由认证机构 CA、注册审批机构 RA、证书库 CR、密钥备份及恢复系统、证书作废处理系统和 PKI 应用接口系统等部分组成。

CA（Certificate Authority）负责给实体签发数字证书。也就是说，CA 对实体的身份信息及相应的公钥数据进行签名，借此将该实体的公钥和身份绑在一起，来证明各交易实体在网上的身份的真实性，同时负责在各实体的信息交换过程中对证书进行检验和管理。

RA（Registration Authority）是数字证书注册审批机构，负责录入证书申请者的信息，还负责管理已发放的证书。

CR（Certificate Repository）是已签发及已撤销的证书集中存放的地方，是 Internet 上的一种公共的信息库。用户可以查询信息库，方便、快捷地知道其他用户的证书和公钥。

PKI 主要的操作流程分为 3 步：

（1）用户通过 RA 提供身份和认证信息等，登记证书申请；

（2）RA 进行审核，通过审核以后发放证书给 CA；

（3）CA 验证后完成证书的制作，然后发给申请用户。此外，用户如果需要撤销证书则需要再次向 CA 发出申请。

10.2.3　布隆过滤器

布隆过滤器（Bloom Filter）是一种概率数据结构，1970 年由 Bloom 提出，用于判断一个元素是否在一个集合中。布隆过滤器判定一个元素不存在集合中，则它肯定不存在；如果判定一个元素存在于集合中，有一定的概率判断错误，也就是说这个元素还有可能不在这个集合中。

布隆过滤器的核心思想是使用 m 个哈希函数将元素映射到一个 n 位数组中的某一位的过程。

举一个例子，将 m 定义为 3，n 定义为 20，元素集合为 $\{X、Y、Z\}$。布隆过滤器的含义就是使用 3 个哈希函数 $h1$、$h2$、$h3$ 将元素集合 $\{X、Y、Z\}$ 中的元素映射到一个 20 位的数组中的某一位的过程，这 3 个哈希函数运算后的哈希值的范围在 [1，20]，如图 10-13 所示。

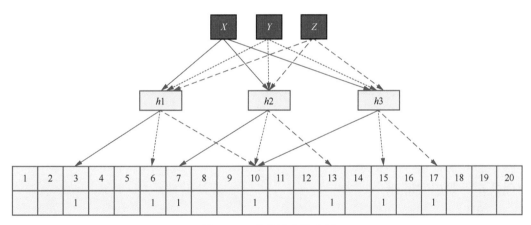

图 10-13　布隆过滤器示例

X 经过 3 个哈希函数运算后将所得到的结果的位数置为 1，则 3、7、10 这 3 位被置为了 1；同样，Y 经过哈希函数运算后，则 6、10、15 这 3 位被置为了 1；Z 经过哈希函数运算后，则 10、13、17 这 3 位被置为了 1。

在图 10-13 中，我们可以发现，X 经过 $h3$ 运算，Y 经过 $h2$ 运算，Z 经过 $h1$ 运算后映射的是同一个位置 10。也就是说，当我们通过布隆过滤器判断一个元素是否在集合中时，即使对应的数组位数全为 1，也可能是其他元素映射后导致的。因此，只能够判断这个元素可能在集合中。但是反之，如果发现这个元素经过哈希运算后所映射的数组位数不为 1，则这个元素一定不在集合中。

我们知道比特币网络中的记账形式是 UTXO（Unspent Transaction Output，未花费的交易输出）。因此，人们要想知道比特币钱包有多少钱，实际就是要知道比特币钱包有多少个 UTXO。最直接的办法就是下载完整的区块链账本，我们直接在账本中查找，但是这种方式不仅浪费存储空间和带宽资源，而且在移动端操作并不现实。因此需要利用轻节点，也就是 SPV（Simplified Payment Verification，简化支付验证）节点来实现。我们用轻节点查找自己账户地址相关的 UTXO 时，由于轻节点没有完整的区块数据，无法直接查找，需要向全节点发送相关请求，等全节点返回结果。如果我们用轻节点向全节点直接发送自己的账户地址，全节点返回所有与账户地址相关的 UTXO，好处是可以精确查找 UTXO，但是其他全节点都知道该轻节点绑定的账户地址，就会发生信息泄露。

比较好的办法就是，我们用轻节点以布隆过滤器的形式告诉全节点自己的账户地址，全节点返回与账户地址可能相关的 UTXO，并通过布隆过滤器过滤不属于该账户地址的 UTXO。轻节点会以布隆过滤器的形式告诉相邻全节点该账户地址的信息，那么根据布隆过滤器的特性，会有两种结果：

（1）没有通过布隆过滤器过滤出来的 UTXO，就一定不属于该账户地址；

（2）通过布隆过滤器过滤出来的 UTXO，可能属于该账户地址。

10.2.4　零知识证明

零知识证明（Zero-Knowledge Proof）或零知识协议（Zero-Knowledge Protocol），它的主要内容是证明者能够在不向验证者提供任何有用的信息的情况下，使验证者相信某个论断是正确的。因此，可理解成"零泄密证明"。意思是我证明了一件事儿，但是我不告诉你，同时我又能让你相信我确实证明了这件事儿，并且我没有泄露任何的内容给所有人。

零知识证明最早是由 Shafi Goldwasser、Silvio Micali、Charles Rackoff 三人于 1985 年在论文《交互式证明系统的知识复杂度》中提出的。直到 2019 年，由于区块链技术的发展，密码学社区和区块链技术社区对它产生了比较大的关注。

区块链发展面临的一个公认问题就是吞吐量（TPS，Transaction Per Second）不高。例如，比特币的 TPS 只有 7，以太坊的 TPS 也只有 26 左右。区块链吞吐量不高的核心原因是网络带宽不够，导致共识协议算法的性能单纯靠分布式计算很难提高。那么如何提高吞吐量又不降低安全性呢？很多人一直在找解决办法。为了解决这个问题，"区块链＋零知识证明"被提出，因为零知识证明可保证远程计算过程的完整性，所以，该组合既不损失安全性，又能提高吞吐量。

以太坊的创始人曾在 2018 年发表了一篇推文，内容是说可以用零知识证明让 TPS 达到 500。

零知识证明在区块链技术的发展过程中的作用：区块太大、太长，可以用零知识证明压缩区块；区块链上交易可追踪；可以用零知识证明保护交易的匿名性；可以用零知识证明来进行隐私身份认证；区块链上的数据的隐私可以用零知识证明来保护；区块链上的数据的存储完整性可以用零知识证明来保证。

10.2.5 同态加密

同态加密（Homomorphic Encryption）是一种加密形式，它允许人们对密文进行特定形式的代数运算，得到仍然是加密的结果，这项技术令人们可以在加密的数据中进行诸如检索、比较等操作，并得出正确的结果，而在整个处理过程中不用对数据进行解密。其意义在于，真正从根本上解决将数据及其操作委托给第三方时的保密问题。

在云计算以及区块链技术快速发展的近几年，同态加密迎来了不同的应用场景。在云计算方面，由于用户自身的计算能力不强，因此用户在处理大量数据时，需要借助云计算，但是出于安全性考虑，用户又不希望数据以明文的方式被处理。此时，同态加密就发挥作用了，用户将需要处理的数据进行加密之后再传给云，让云来处理加密数据，处理完成后将处理结果返回给用户。这样一来，用户解决了计算问题，云计算服务提供商也获得了相应的收益。在区块链技术领域，因为区块链是去中心化的，区块链上的交易需由全网进行共识验证，这就不得不向全网公开信息。目前，比特币、以太坊等区块链上的交易都是明文存储的。但随着区块链技术在各个行业的应用，用户就提出一个需求：某些信息是不想被全链上的用户都知道的。那么同态加密算法给我们提供了一个解决方法。

例如，在数据交易的保护方面，买卖双方需要完成数据交易的保护。买家用自己的公钥同态加密自己的签名，并上传到智能合约中；卖家从区块链的智能合约中获得买家加密后的签名信息，卖家使用买家的公钥同态加密自己的数据，并将自己的和买家的签名嵌入数据中，获得带有签名的加密数据，卖家将数据上传至安全的交易区域，如 IPFS（Inter-Planetary File System，星际文件系统）中，获得对应的哈希值，卖家将哈希值上传到区块链的智能合约中，买家就可以从 IPFS 中下载加密数据了。

第 11 章　区块链基础

11.1　区块链概述

11.1.1　一元钱的转移

我们假设这样两个场景：第一个场景是，我有一枚一元的硬币，我把这个硬币从我的口袋里拿出来放到你的口袋里；第二个场景是，我通过微信转账给你一元钱。

问题：这两个场景有什么区别吗？

答案很简单，在第一个场景中，你是确确实实得到了这枚一元硬币；在第二个场景中，你并没有得到这枚一元硬币，只是在银行的系统中记录了一笔账。这一元钱是不是你的，还不一定。如果有人在银行的系统里篡改了这一笔账的记录，那么这一元钱就不属于你了。

再引申一下，如果我们把一枚硬币换成一座金山，你搬不动，拿不走，那又怎么证明这座金山属于你呢？

这就用到了区块链技术，区块链技术的魅力就在于，它把物理世界的这枚一元硬币从我的口袋到你的口袋的这个动作在数字世界里实现了。

11.1.2　什么是区块链

区块链本质上是一个分布式的数据库系统，也可以叫作分布式的共享账本。它是一个多方参与、共同维护、不可篡改的数据库系统。举一个常见的例子，有些读者有记账的习惯，账本上的每一页都记录着某段时间的花费情况，某一页记录完成之后再进入下一页，对应来看，账本的每一页就相当于一个区块，这些个区块首尾相连就形成了区块链。多方参与、共同维护、分布式就体现在，这个账本不仅仅是一个人在记录，而是网络中的所有人都在记录，这些人分散在世界各地，可能互不相识，但是每个人记录的内容都是一样的，换句话说就是这个账本有无数个备份。不可篡改就体现在，如果你想要修改这个账本，仅仅修改你自己记录的部分是不行的，因为在全网有无数的备份，因此需要改掉足够多的账本（51% 以上）才可以完成记录的部分修改。而改掉足够多的账本，其实是一个不可能完成的任务。

11.1.3　运行区块链的地方——节点

我们知道了什么是区块链，就需要知道区块链在哪里运行。区块链是运行在区块链节点上的。我们称负责维护网络运行的终端为节点。在互联网领域里，互联网企业所有的数据就集中在自己的服务器中，这个服务器就是一个节点。我们都知道微信运行在手机和计算机上，手机和计算机上的微信 App 只是一个客户端，客户端只存储一些少量的数据，大部分的数据都存储在腾讯的服务器上，这些服务器就是微信的节点。如果有人攻击微信的节点，就可能更改微信中的数据。而区块链不依托于哪一个中心化服务器，是由千千万万个"节点"组成。我们在网上下载一个区块链的客户端，让它在我们计算机上运行的同时，数据也就存在了我们的计算机里。这就意味着，我们的计算机也成了一个"节点"，它由我们自己控制。这些节点构成的网络就是区块链网络。若有人想要修改节点中的内容，则需要把全网所有节点的信息都修改一遍。区块链的节点有轻节点和全节点之分，轻节点只包含自己的数据，全节点则包含所有用户的数据。节点分布越多、越广泛，区块链网络就越去中心化，网络运行也就越安全、稳定。

11.1.4　区块链的灵魂——共识机制

前面，我们已经了解了什么是区块链节点，知道了区块链实际上是一个去中心化的分布式账本数据库，人人可参与记账，且每个节点都具有相同的权限。那么问题来了，参与记账的人那么多，怎样记账才有效，且每个记账页（新区块）究竟由谁来负责写？这其中就需要一个大家都认可的"有效规则"，也就是我们接下来要介绍的"共识机制"。

所谓共识机制，就是一种多方协作机制，用于协调多个参与方达成共识。

举一个简单的例子，中午你与几个同事采用少数服从多数的方式，确定一起去吃面条。

那么，吃面条就是你们形成的共识。少数服从多数的方式就是你们确定中午吃什么的共识机制。

共识机制解决了所有记账节点之间如何在分布式场景下达成一致性的问题，它是区块链的核心技术。

共识机制有多种，不同的共识机制适用于不同的应用场景。下面我们介绍几种不同的共识机制，最典型的共识机制有 POW、POS、DPOS。

POW 是 Proof Of Work 的缩写，直译就是工作量证明机制。工作量证明，简单理解就是一份证明，用来确认用户做过一定量的工作。例如，你的大学毕业证，证明了你确实有四年大学的学习经历并最终通过了考核。工作量证明机制，即我们通过查看工作结果就能确认用户是否完成了指定量的工作。先用工作量来证明贡献大小，再根据贡献大小确定记账权和奖励的机制。简单地说，就是"按劳取酬"，用户付出多少工作量，就会获得多少报酬。

比特币是最早的，也是目前以 POW 为共识机制的数字货币之一。比特币网络通过调节计算难度，保证每次矿工的记账都需要全网矿工计算约 10 分钟才能算出一个满足条件的结果。如果矿工找到了一个满足条件的结果，我们便可以认为全网矿工完成了指定难度系数的工作量。获得记账权也就是获得奖励的概率取决于矿工的工作量或者是算力占全网的比例。例如，一个矿工拥有全网 20% 的算力，那么获得奖励的概率就为 20%。所以，提高算力占比才能提高竞争力，从而获得更多的奖励。因此，增加算力设备、优化芯片、增加算力设备的计算时间都会增加获得奖励的概率。

POW 共识机制的优点是算法简单，容易实现，节点间无须交换额外的信息即可达成共识，整个系统不易被破坏。缺点是除了浪费能源，区块的确认时间难以缩短、容易产生分叉、需要等待多个确认等。

POW 共识机制发展到今天，用户从个人算力设备计算逐渐发展到大的集合式算力设备计算。集合式算力设备形成了算力池和算力场，算力集中越来越明显。人们对于 POW 越来越中心化的算力分布感到害怕，一旦算力的 51% 以上被集中控制，则整个区块链系统就会被破坏，于是 POS 诞生了。

POS 是 Proof Of Stake 的缩写，直译就是权益证明机制。权益证明机制，即拥有越多权益，就可以获得越多奖励；采用类似股权证明与投票的机制选出记账人，由他来创建区块。

记账人持有的股权越多，具备的权力越大，且需负担更多的责任来产生区块，同时也具有获得更多收益的权益。这里的权益是指用户持有数字货币的数量和时间，用户持有的数字货币越多，持有的时间越长，即币龄（币龄 = 持币数 × 持币时间）越大，能拿到的分红就越多。

POS 共识机制一般用币龄来计算记账权，用户持有每个币一天算一个币龄。举一个例子，用户有 100 个币，总共持有了 30 天，那么此时用户的币龄为 3000。若此时用户发布了一个 POS 区块，用户的币龄就会被清空为零。假设每被清空 365 个币龄，用户将会从区块中获得 0.08 个币的利息（可理解为年化利率为 8%，这里仅作举例用，并不是每个 POS 模式的币种都是 8%）。那 3000 币龄就将获得利息大约 0.66 个币。

POS 共识机制的优点是，在一定程度上缩短了共识达成的时间，并且不需要拼设备的算力。缺点是持币趋于集中化，币龄越大所分配的收益就越大，币就会过于集中。另外，POS 会造成币的流动性变差，因拥有币的参与者可以持币吃利息。

由于 POS 在币的数量和币龄上让后来者很难超越，很多 POS 币种不可避免地走向中心化。这时，DPOS（Delegated Proof Of Stake，委托权益证明）就横空出世了。

DPOS 与 POS 原理相同，即用户通过投票选举的方式，选出生产者，代表用户履行权利和义务。在 DPOS 共识制度下，用户会选出一定数量的代表，来负责生产区块。

如果生产者不称职，那么随时可能会被投票选出局。简单理解就是，DPOS 共识算法不再像 POW 和 POS 一样，记账节点可以无门槛，而是将 POS 共识算法中的记账者转换为由节点组成的小圈子，只有这个圈子中的节点才能获得记账权。

DPOS 的出现大幅减少了参与验证和记账节点的数量，以至于可以达到秒级的共识验证。但其缺点就是整个共识机制还是依赖于代币，而很多商业应用是不需要代币的。不过，相比于逐渐趋于中心化的 POW 与 POS，DPOS 更加符合去中心化的特点。

11.1.5　账户与私钥、公钥和地址

在现实世界中，我们比较熟悉的是账户的概念，在数字世界中，账户是以公私钥对来实现的。公私钥对构成了一个非常简洁的账户体系。

如何能证明你拥有数字资产呢？一般情况下就是你拥有这些数字资产所在地址对应的

私钥。那么私钥、公钥和地址到底是什么，它们之间又存在着什么关系呢？

私钥是一个 256 位的随机数。私钥的定义看似非常简单，但其中有两个表述可能会使读者感到困惑。一个是 256 位，另一个是随机。256 位，很容易被理解为 256 个十进制数字，其实不是的，因为计算机是用二进制来存储和计算的，所以，256 位指代的是 256 个二进制数字，也就是说它是 0 和 1 组成的。随机表示 0 和 1 的出现是没有规律的，因此，一个私钥大概的样子如图 11-1 所示。

```
1010011011001010101010101011010100101000001010011011
1110101011101011110101111010001110100111101111101011
1010100101000110100010101001101010001010011011101101
0100100011101001010110101011101000101011101011101000
1010100110101110101011101011110101001010111111101
```

图 11-1　私钥示例

你完全可以通过抛 256 次硬币的方式来生成一个属于你自己的私钥。一般情况下，展示一个 256 位的随机数很不方便，通常我们看到的私钥都是经过拼接版本号、压缩标识和校验码，再经过 Base58 编码，最后得到的一个字符串（大概是这样：KzmBHhbUbkyviWP2RcK3JZjwA45yfi2QDgKLZhuJs64biCkX9mXf）。另外，私钥除了可以由 0 ~ 9、a ~ f 表示，还可以由 12 个或 24 个单词的助记词来表示。

虽然私钥只是一个简单的二进制数字，但它仍然很难被破解，原因在于这个数字的集合足够大，大到我们很难穷尽所有数字，并对它们进行逐一验证。这个数字可以取从 0 到 $2^{256}-1$（相当于 10^{77} 这么大）。

要理解公钥，还是得结合私钥，因为公钥和私钥在非对称加密中总是成对出现的。公钥是对外公开的部分，私钥则是非公开的部分，如果用公钥加密数据，只能用对应的私钥才能解密。一个比较形象的解释是可以把公钥当成银行账号，私钥就是密码。

那么公钥是如何由私钥产生的呢？以比特币为例，人们对私钥使用椭圆曲线加密算法，计算得出椭圆曲线上的一个坐标点（x、y）。x 和 y 都是 32 字节的，公钥 = 0x04 + x + y。公钥可以是压缩格式的也可以是非压缩格式的，压缩格式的公钥需要判断 y 的奇偶性，如果是偶数则公钥 = 0x02 + x，如果是奇数则公钥 = 0x03 + x。

压缩格式的公钥使每个交易都至少减少 32 字节，这对区块链的意义很大，毕竟区块链中的每个区块容量是有限的，当交易数据量大于区块容量时，就需要对区块链进行扩容了，扩容可能会引起分叉事件的发生。当然，对于比特币而言，现在可以使用隔离见证来进一步减少每个交易所占空间。

地址是我们的账户对外的表现形式，相当于银行卡号，别人知道我们的地址就可以给我们发送比特币。

地址是由公钥生成的，是人们对公钥进行特定的算法计算后的结果（先对公钥进行两次哈希运算，混淆公钥的同时缩短了其长度，然后在结果前拼接版本号，在结果后拼接校验码，最后进行 Base58 编码后得到地址，大概是这样：1H5aiVuiXrdUgCf8PG8ckKETSKbW9ddGvD）。

需要特别说明的是，如果我们使用双哈希函数（RIPEMD160(SHA-256(K))）将压缩格式公钥转化成地址，得到的地址会不同于由非压缩格式公钥产生的地址。这是因为一个私钥可以生成两种不同格式的公钥——压缩格式和非压缩格式，而这两种格式的公钥可以生成两个不同的比特币地址。但是，这两个不同的比特币地址的私钥是一样的。

综上所述，私钥是随机生成的数字，但却是整个账户的基石，既可以用来生成公钥和地址，也可以对交易进行签名许可，所以一定要保管好私钥。公钥是私钥和地址之间的关键桥梁，地址是用户收取数字货币的账号，是用户在区块链中的资产证明。

11.1.6　区块链的根基——算力

顾名思义，算力就是计算能力。区块链技术中所谈的算力一般指的是一秒能够做多少次哈希运算，单位是哈希/秒。

以比特币为例，目前算力设备的算力可以实现 14T，也就是每秒至少能够完成 $1.4×10^{13}$ 次哈希运算，也就可以说，这个算力设备的算力是 14T。对于矿工来说，他掌握了多少比例的算力，那么他就有多少概率抢得记账权，也就是说有多少概率能够获得奖励。

不同的数字资产，由于其用的哈希算法不同（例如，比特币用的是 SHA-256 算法，莱特币用的是 scrypt 算法，以太坊用的是 Ethash 算法），进行哈希计算的算力设备相应地也会不同。因此算力设备的算力一般是针对某一特定数字资产而言的。

11.1.7　区块链网络持续运行的原动力——激励机制

区块链网络的持续运行需要必要的网络和硬件设备的支持，包括 CPU 和 GPU 设备以及用于计算哈希函数的专用设备等，而区块链网络的组织又是去中心化的，这意味着并没有一个中心化机构可以为区块链网络的持续运行负责并承担必要的运行成本。所有区块链网络中的节点都是人们自发建立的。那么，人们为什么要自发去建立区块链网络的节点呢？当然是为了获得奖励。维护区块链网络持续运行的激励机制促使人们自发建立区块链网络节点。换句话说，人们为区块链网络的持续运行提供的网络、硬件设备以及算力等都是为了获取更多的奖励。

网络、硬件设备和算力的主要工作就是对区块链上的每一笔交易的确认和数据的打包。在早期，这种奖励是用户利用计算机进行相关的计算来获取的。例如，某些区块链系统，就是将一段时间内区块链系统中发生的交易以哈希计算的形式进行验证，并将交易记录在区块链上形成新的区块。但随着算力的不断增加，用户使用计算机来获取奖励的成本越来越高，出现了专门获取区块链奖励的机器，其运行核心是进行哈希运算。

从广义上来讲，获取区块链奖励的硬件设备是一切可以运行区块链系统软件并进行哈希计算的设备，包括手机、计算机等。狭义来讲，获取区块链奖励的硬件设备特指一些专属设备，如 ASIC 计算设备、显卡设备以及针对某种特定奖励资产的硬件设备等。以比特币为例，获取比特币奖励的硬件设备就是经过大量的哈希运算争夺记账权而获得比特币新币奖励的专业设备，它执行大量的单一的数据运算，因此耗电量巨大。早期还可以使用 CPU 或 GPU 来进行计算，但是随着算力的逐渐增加，CPU 和 GPU 已经不能满足需求了，所以人们就开发出了一些专用的设备，这些设备只执行单一的运算程序，因此，执行这个单一运算的芯片就成了核心设备。用户可以在计算机上利用管理软件给这些专业设备分配计算任务，这些专业设备就可以开始工作了。

在全网的算力达到了一定程度之后，单台计算设备所占算力比变得非常小，因此，单台计算设备所能获得奖励的概率也变得非常小。有些人就想出了一个办法，把多台计算设备集合起来联合运作，从而提高算力，提升获得奖励的概率。多台计算设备集中起来就形成了计算池，计算池其实是一个管理软件，负责链接不同地区的计算设备协同工作并分配奖励。

由于计算池由多台不同区域的计算设备共同协作形成，因此用户就需要对获得的奖励进行合理有效的分配。目前，计算池收益分配的主要模式有：PPS、PPS+、PPLNS 等。

假设 A 加入了计算池 P，A 的算力是 2、P 的算力是 100。则 A 的算力占据计算池总算力的 2%。下面我们来讨论这几种模式的具体内容。

PPS（Pay Per Share）模式：计算池首先预估理论收益，假设计算池预估的理论收益是每天 100，则 A 的收益为每天 2。A 的收益是根据预估理论收益固定的，不考虑计算池实际收益波动的影响。由于计算池承担了较大风险，因此这种模式下的计算池的管理费一般会比较高。

PPS+（Pay Per Share+）模式：这种模式是在 PPS 的基础上增加了计算池所获收益的分成，即将计算池获得的收益，按照计算设备当天贡献的算力比例进行分配。

PPLNS（Pay Per Last N Share）模式：这种模式是计算池将实际收益扣除计算手续费后跟计算设备进行结算的模式。因此，计算设备的收益跟计算池实际收益相关。简单地说就是计算池收益多少分多少，单纯提供服务，不承担无法获取收益的风险。因此，这种模式的计算池管理费相对低一些。

11.1.8　去中心化的关键技术——P2P

我们这里谈的 P2P 不是一个金融名词，而是一个技术名词。早期的互联网用户都会接触到电驴软件，用它下载一些较大的文件，如视频文件等。这个软件包含的最核心的技术就是 P2P。

P2P（Peer-to-Peer）又称对等互联网络技术，其特点是网络中不存在中心节点，各个节点的权利都是相同的，任意两个点之间可以进行数据交换，也就是说在任意两个节点之间能够达成交易。达成交易之后进行全网广播，也就是说交易成功后全网所有节点都会记录这个交易。这种模式的好处是整个系统不会依赖某一个或者某几个服务器，从而避免单点故障。

11.1.9　区块链系统的时钟——时间戳

霍金在《时间简史》中这样描述："在相对论中，没有一个唯一的绝对时间，相反，每个人都有他自己的时间测度。"

因为区块链技术是去中心化的，在以区块链技术为基础的分布式系统中，时间的定义就再次成为迷惑人们的"致命海妖"。时间，到底以谁为准？

在这里，我们不得不再次提到 POW，比特币系统中的时钟，就是以 SHA-256 哈希运算作为动力的 POW 之钟。

它构建了一个分布式逻辑时钟，确保在古典时钟的 10 分钟左右的时间内，完成一个逻辑时钟时间单位。

我们可以暂时忘记在我们脑海里存在的古老的僵化的时间概念。这个分布式逻辑时钟是一个去中心化的、有序的时钟，并不会以谁为准，而是以 POW 共识为准。

11.1.10　区块链的不同类别

区块链按准入机制分成 3 类：公链、私链和联盟链。以后还可能诞生其他类型的区块链。

1. 公链

公链，又称为公有链。具有数据公开透明、代码开源、接入门槛低、对用户一视同仁的特点。任何人都可以在公有链上交易，且交易能够获得该区块链的有效确认。公链存在"不可能三角"的问题（又称"不可能三角"理论）。"不可能三角"理论是由美国麻省理工学院教授克鲁格曼在蒙代尔 - 弗莱明模型的基础上，结合对亚洲金融危机的实证分析提出来的："在资本的自由流动、货币政策的独立性、固定汇率制三项目标中，一国政府最多只能同时实现两项。"对于区块链公链而言，"不可能三角"问题则是指一个区块链公链无法同时实现可扩展性（Scalability）、去中心化（Decentralization）、安全（Security），三者只能得其二。

2009 年，以比特币为代表的第一代区块链公链网络诞生。2021 年，在经过公链乱象之后，公链进入了新一轮的发展，新生公链发展力度强劲。到 2022 年年初，颇具影响力的公链除了以太坊及以以太坊为根本的交易所智能链，还有 Solana、Terra、Conflux 等新秀。

2. 私链

私链也称私有链，与公有链不同，私有链完全封闭，是中心化集中管控的，私有链的进入权限受私有链的建立组织控制。私有链仅采用区块链技术进行记账，记账权掌握在特定的人手中，且只记录内部的交易。由于参与的各个节点是有限并且可控的，因此私有链拥有很快的处理速度和很低的交易成本。私有链的价值主要体现在可以提供一个自主可控的、安全可追溯的运算平台，还可以防范来自内部和外部对数据的攻击和恶意篡改。这些在传统的 IT 系统里是比较难做到的。由于私有链的特点，其应用场景一般在企业或者组织内部。

3. 联盟链

联盟链是一些单位或组织内部使用的区块链，需要预先明确不同的节点权限，例如，记账节点、一般节点、验证节点等，区块的生成由预选明确的记账节点共同决定。联盟链属于联盟内部的成员所有，由于联盟链的节点数量是有限的，所以很容易达成共识。典型代表为 R3 区块链联盟（国际银行和金融机构合作组织）。

联盟链的特点是有准入规则，即加入并成为联盟链的一个节点，需要被联盟允许。联盟链因为节点数量有限，很容易达成共识，所以交易速度也比较快。联盟链的数据不会公开。只有联盟内部机构及其用户才有权限访问数据。

在我国，区块链一般都是以联盟链的形式存在的。基本上分为 3 个梯队，第一梯队为"国家队"。

星火链网：是由工业和信息化部、中国信息通信研究院主导研发的联盟链。其目标是建设数字智能时代的网络基础设施。据星火链网的官方公告称：星火链底层采用"1+N"主从链群架构，支持标识数据链上链下分布式存储功能，同时支持同构和异构区块链接入主链；在全国重点区域部署星火链网超级节点，作为国家链网顶层，提供关键资产、链群运营管理、主链共识、资质审核，并面向全球未来发展；在重点城市/行业龙头企业部署星火链网骨干节点，锚定主链，形成子链与主链协同联动；超级节点和骨干节点具备监管功能，并协同运行监测平台，对整个链群进行合法合规监管；引入国内现有区块链服务企业，打造区域/行业特色应用和产业集群。

长安链：由北京微芯研究院、清华大学、北京航空航天大学、腾讯、百度和京东等知名高校、企业等共同研发。长安链是新一代区块链开源底层软件平台，包含区块链核心框架、丰富的组件库和工具集，致力于为用户高效、精准地解决差异化区块链实现问题，构建高性能、高可信、高安全的新型数字基础设施。2021 年 1 月 27 日，基于自主可控、灵活装配、软硬一体、开源开放的长安链技术体系，27 家联盟成员单位在北京共同发起成立"长安链生态联盟"。

BSN 区块链服务网络：是一个跨云服务、跨门户、跨底层框架，用于部署和运行区块链应用的全球性公共基础设施网络，由国家信息中心、中国移动通信集团公司、中国银联股份有限公司、北京红枣科技有限公司共同发起。互联网是通过 TCP/IP 将属于各方的资源和数据中心连接而形成的，BSN 则是通过一套区块链环境协议将属于各方的云资源和数据中心连接而组成。两者均不属于任何单一组织，都是公共基础设施。

第二梯队为商业联盟链，这里面有阿里巴巴的蚂蚁链、百度的超级链、腾讯的置信链等。

11.1.11　无法共识的结果——分叉

我们已经知道，无论是操作系统还是应用软件，在经过一段时间之后，由于用户的需求变化、硬件环境的改变、软件自身的发展等，需要对软件进行更新。在中心化系统中，因为数据是以中心化形式存在的，运行规则也都是中心化软件服务提供商制定的，所以升级很简单。并且升级后的版本和不升级的版本一般情况下是可以并存的，也不影响使用。

但是，在区块链上就不同了，因为区块链是去中心化的，当区块链系统需要升级时，就可能会伴随着区块链共识规则的改变，这个改变会造成"意见分歧"，从而导致整个区块链系统中不同的节点可能在不同的规则下运行。这种情况一旦发生，就会造成区块链的分叉。分叉就是从一条链变成了两条链。

区块链分叉可以分为两类：一类是硬分叉，另一类是软分叉。区别在于是否兼容旧版本，硬分叉是完全不兼容，而软分叉是可以兼容的。具体而言，硬分叉是指当区块链的代码发生改变后，旧节点拒绝接受由新节点创造的区块，不符合原规则的区块将被忽略。软分叉是指旧的节点并不会意识到区块链代码发生改变，并继续接受由新节点创造的区块。

软分叉和硬分叉都"向后兼容"，这样才能保证新节点可以从头验证区块链。

例如，2017 年 7 月，为了解决比特币区块链拥堵问题，一些比特币爱好者提出了 bitcoin cash 分叉方案，导致比特币区块链分成了 BTC 和 BCH。2017 年 8 月，社区就扩容方案达成共识，激活了隔离见证扩容方案，随后 4 个月里，比特币区块链又相继发生了多次分叉，产生了多个分叉。

再比如，2016 年 5 月，基于以太坊智能合约的众筹平台正式发布，短短一个月的时间平台就募集了超过 1.6 亿美元的资产。不幸的是，由于智能合约的漏洞，黑客转移了市值五千万美元的资产。为了挽回投资者的资产，以太坊社区投票表决更改以太坊代码，希望能够索回资金。为此，以太坊在第 1920000 区块进行硬分叉，回滚了所有的 ETH（以太坊）资产。但有些人认为以太坊这种做法违背了区块链的去中心化和不可篡改精神，坚持在原区块链上进行计算和出区块，从而形成了分叉，分叉的这条链被称为以太经典（ETC）。ETH 和 ETC 各自代表不同的社区共识。

11.1.12　Layer2

Layer2 是相对于 Layer1 而言的。Layer2 指的是一种综合性的解决方案，要解决的问题是 Layer1 产生的或者是 Layer1 完成不了的。Layer2 是对 Layer1 的补充，这个补充可以增加处理速度，处理过量产能，或者是降低处理成本等。

人们用 Layer1 来保证安全和去中心化，达到全球共识，通过智能合约设计的规则进行仲裁，以经济激励的形式将信任传递到 Layer2。如果依据"不可能三角"理论，Layer 2 解决了 Layer1 的可扩展性问题。Layer2 解决方案的核心思路是让多个参与方通过某种方式实现安全交易，无须将交易发布在 Layer1 上，不过在某种程度上还是要依赖 Layer1 作为仲裁方来确保其安全性。

Layer2 中最具代表性的方案是状态通道、Plasma、RollUps 以及侧链。

1. 状态通道

状态通道是 Layer2 最早期也是入门级的方案。主要思想就是交易双方在 Layer1 外构建一个通道，首先进行资金锁定，然后交易双方在通道内进行频繁交易，任意一方想要停止通道使用时，都可以执行退出指令，并将最终状态同步至 Layer1。这个模式的缺点在于状态通道内锁定资金的利用率和流动性都比较低；另外，退出指令执行后，并不是即刻退出，而是留有足够的时间来让 Layer1 验证通道内状态以及交易的合法性。

2. Plasma

Plasma 的总体思想是这样的：假设有一个操作员，建立了一个交易信息收集中心，用来收集用户发来的交易信息。这个操作员将这些信息作为输入生成一个哈希值，然后定期把哈希值发布到 Layer1 上。发布完成后，这个操作员把 Layer1 上的凭证发送给这些用户，用于证明他所收集到的交易信息全都已经发布到 Layer1 上了。需要注意的是，只是哈希值在 Layer1 上，而原始交易信息并没有在 Layer1 上。

这个交易信息收集中心就像是一个虚拟银行或者中心化的交易所，难免有中心化的行为，这也是 Plasma 比较大的缺点之一。另外，Plasma 解决的问题主要是扩容，提升吞吐量，并不能有效降低交易延时。

3. RollUps

RollUps 的解决方案实际上是 Plasma 的一个升级版本。操作员除了提交交易数据作为输入的哈希值之外，还将交易的必要数据存储到 Layer1 中。这些必要数据包括转账人、收款人、转账金额等，但是不包含转账人的签名数据，并且其他字段都被使用更小的字节空间来存储，这样一来，交易数据就被压缩到足够小，操作员就可以一次向 Layer1 提交足够多的交易数据。

4. 侧链

到底什么是侧链？与 Layer2 有什么关系？很多人分不清楚。在这里我把侧链当成 Layer2 的一个特别的方案。侧链的主要思想是，既可以让数字资产安全地从主链转移到其他区块链，又可以从其他区块链安全地返回主链。这听起来与 Layer2 的解决方案差不多。辨别二者的依据就是数字资产从其他区块链安全返回到主链的过程中是完全自主的还是受控的。如果是完全自主的，那就是 Layer2 的解决方案；如果是受控的，那就是侧链。

Layer2 中不同方案对比如图 11-2 所示。

类型	赞成	反对	是否Layer2？
Plasma	吞吐量（一般计算）	客户端数据高需求 撤回拒绝时间 活性假设 运营商数据拦截攻击	技术上是，但 实际上不是
状态通道	速度 客户端数据低需求	撤回拒绝时间 活性假设 低效 一般计算困难或不可行	大多数情况下是
RollUps	被Layer1保护	撤回拒绝时间 数据匮乏	是
侧链	不适用	保管	不是

图 11-2　Layer2 中不同方案对比

11.2　快速理解比特币系统

前面我们学习了区块链最基础的概念，下面我们快速地学习比特币系统。

11.2.1　极速理解"地图"

图 11-3 是比特币的"地图"，分成了两个部分，上半部分是基础三要素——私钥、公钥和地址，这个我们在前面已经详细解释过；下半部分是，如何实现自由加入所有节点，并共同维护一个账本，这就需要我们掌握共识机制、分叉以及隔离见证等概念。

11.2.2　UTXO——一种特殊的账户记账模型

UTXO 的中文意思是"未消费交易输出"。它与传统银行账户的记账模型有着很大的差别。UTXO 只记录交易本身，并不记录交易的结果。银行账户采用余额模型，直接记录账户最终的交易结果。

例如，A 账户有 1000 元，B 账户有 200 元，现在由 A 账户转给 B 账户 300 元，银行收取手续费 5 元。银行系统会记录这次交易，并且修改账户余额，如图 11-4 所示。

此时，A 账户余额为 695 元，B 账户余额为 500 元。

如果用 UTXO，则记账过程如图 11-5 所示。

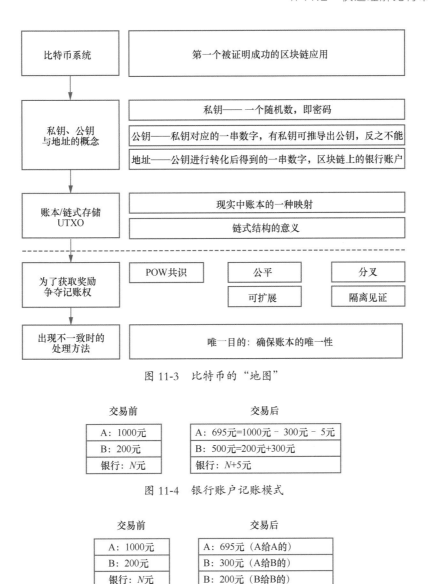

图 11-3 比特币的"地图"

图 11-4 银行账户记账模式

图 11-5 UTXO 记账过程

整个过程中，UTXO 会把涉及的账户资金、交易地址、转账资金、资金来源等信息全部记下。以此就能够追踪到每一笔交易的最初来源。所以，UTXO 的本质其实是记流水账。这种模型的好处在于每次交易过程都被记录得很清楚，可以追溯每笔资金的源头。

11.2.3　隔离见证

隔离见证（Segregated Witness）源自比特币主协议，涉及共识规则和网络协议。

随着比特币的快速发展，1MB 的区块容量限制了比特币每秒能处理的交易笔数，交易笔数过多时，有些交易就需要排队等候。再加之，在隔离见证出现之前，比特币的交易验证需要依赖两部分数据。

（1）交易信息：交易 ID、资金结余等。

（2）见证信息：用户身份验证、证明交易合法性的信。

见证信息的通俗解释是用户拥有支配这笔钱的证明，也就是"签名"。"隔离见证"就是要把"签名"隔离出去，即把签名信息从基本结构里拿出来，放在一个新的数据结构当中，以此来释放每个区块可"打包"的交易数据内存，这样使每一个区块可以"容纳"更多的交易。同时做验证工作的节点也可验证这个新的数据结构里的签名信息，以确保交易是有效的。

图 11-6 和图 11-7 用以解释隔离见证。

例如，有一个交通法规，规定一条公路上只允许占地面积 100 平方米的车辆行驶。我们的每辆车占地面积 30 平方米，则这条公路上一次只能跑 3 辆车。

图 11-6　隔离见证之前容量

此时，把车的结构调整一下，每辆车的占地面积变成了 14 平方米，这样公路上一次能跑 7 辆车。

我们现在把上面的比喻里的概念换一下：公路 = 1 个区块，车 = 每一笔交易。

问题 1：脚本签名是不是和每笔交易在一起？

如图 11-7 所示，车顶上的那个方块（脚本签名 ScriptSig）是属于车的一部分，验证交易时签名当然会被一起验证。

问题 2：见证是不是在区块链上？

如图 11-7 所示，我们只是改变了车的结构，但是整个车还是行驶在公路上，所以，见证当然在区块链上。

图 11-7　隔离见证之后容量

隔离见证给我们带来的好处主要有如下 3 个。

（1）解决了延展性攻击问题。

比特币交易是由一串 64 位的十六进制哈希交易 ID 标识的，ID 是基于交易中币的来源和币的接收者确定的。但是 ID 的算法允许对交易做小的改动，这虽然不会改变交易的内容，但会改变 ID。这就是所谓的第三方延展性。

例如，发送 ID 为 4a1e…de54 的一笔比特币交易到比特币网络，当网络中的节点交易这笔比特币时，它们可以修改这笔交易，交易的花费和接受地址不变，但是 ID 发生变化，可能变成了 20d5…b27a。这被业内人士称为"ScriptSig 延展性"。

隔离见证将见证信息隔离在区块基本信息之外，也就意味着交易 ID 只与交易信息有关，那么交易一旦发生，任何人都无法再修改交易 ID，这就解决了所谓的延展性攻击。

（2）扩充了区块交易容量。

比特币可扩展性问题主要源自区块容量不足。当前区块的硬编码被限制为 1MB。而这并不足以满足用户每分钟尝试发起的数百笔交易的需求。

因此，交易时很多用户必须排队等候，这个等待的时间可能是几个小时或是几天。随着网络规模的扩大，交易强度也随之增加，但区块容量限制则保持不变，这就意味着问题会不断恶化。隔离见证将见证信息转移到交易之外，为区块提供了更大的空间来容纳更多的交易。

（3）为比特币实施第二层解决方案（闪电网络）提供了极大的便利。

闪电网络的目的是通过设置巧妙的"智能脚本"，完善链下通道，使用户可以在闪电网络上进行零确认的交易。

用到的核心概念主要有两个：RSMC 和 HTLC。RSMC 保障了两个用户之间的直接交易可以在链下完成，HTLC 保障了任意两个用户之间的转账都可以通过一条支付通道来完成。这两个类型的交易组合构成了闪电网络，从而实现任意两个用户都可以在链下完成交易。

由于闪电网络的具体实现需要创建一系列相互依赖的父子交易记录，这要先对子交易记录签名，然后将子交易记录交换后，再对父交易记录签名并广播。所以，闪电网络需要隔离见证才能运行。

注：RSMC（Revocable Sequence Maturity Contract，序列到期可撤销合约），HTLC（Hashed Timelock Contract，哈希时间锁定合约）。

11.2.4　Layer2（闪电网络）

比特币交易中存在网络拥堵、转账交易手续费高、转账速度缓慢等问题，这严重地制约了比特币的发展。为了解决这些问题，比特币社区使用了闪电网络。

闪电网络主要解决了比特币交易太慢，以及在无须链上扩容的情况下无限提高交易量的问题。

闪电网络是在两个无须信任的节点之间通过多签的方式，使双方抵押同等数量的比特币来建立一个双向支付通道，在这个双向支付通道中进行交易行为的一个比特币的二层（Layer2）网络。

如果两个节点之间没有直接建立通道，支付路径得经过一个或多个中间节点，中间节点就可以通过收取"过路费"的方式来提供路径服务，"过路费"有两种形式，按次收和按交易比例收。路径服务是通过 HTLC 原子交易协议来实现和保证安全的。

人们设计闪电网络时，考虑到了各种违规的可能性，这种严谨的设计确保了通道两边的任何一方都不敢真正违规，否则将会受到严厉的惩罚。这种巧妙设计，确保了在无第三方的情况下用户也可安全地实现即时支付。可以说，惩罚机制保证了闪电网络的交易安全。

11.3　智能合约

11.3.1　什么是智能合约

智能合约的关键在智能。合约在我们的日常生活中随处可见，例如，劳动合同、房产交易合同等。合约一般是双方也可以是多方协商而达成的某种条约。

智能的意思是说当预设好的某种条件被触发时，合约便会执行相应协定的条款。预设的条件被触发，协定的条款被执行是由机器代码来完成的，完全不需要人工干预。

因此，我们可以总结出智能合约的概念。智能合约是一种计算机协议，用代码的方式"履行"现实中的合约。它可以实现在没有第三方参与的情况下的可信执行。

智能合约不仅是一个可以自动执行的程序，而且也是一个区块链参与者。它可以接收和储存信息，也可以向外发送信息。

11.3.2　智能合约的发展历程

智能合约并不是一个新的概念，在 1994 年和 1995 年就由学者提出，并定义为"一套以数字形式定义的承诺，合约参与方可以通过它执行合约"。

智能合约的概念被提出以后，由于当时互联网和信息技术的发展并不成熟，可信环境没有构成，因此在相当长的一段时间内，智能合约无法被应用。一直到区块链技术的诞生，智能合约才有了用武之地。

2009 年，比特币脚本智能合约出现。例如，比特币的 UTXO 可以被基于堆栈的区块链脚本持有，在区块链脚本被他人持有的情况下，使用者必须提供满足区块链脚本要求的数据才可使用该 UTXO，如集齐 3 把密钥中的两把才能使用的 UTXO，即多重签名。

但是，比特币脚本存在一些严重的限制：

缺少图灵编程完备性，最主要的是比特币脚本不支持循环语句，不支持循环语句的目的是避免交易确认时出现无限循环；

缺少价值控制，比特币脚本无法为 UTXO 提供精确控制；

缺少状态，UTXO 只能是已花费或者未花费状态，比特币脚本无法访问本 UTXO 以外的状态，这使实现诸如期权合约、多阶段合约或者二元状态的合约变得非常困难。

2013 年，以太坊诞生。2015 年，以太坊公链正式发布，以太坊智能合约被广泛运用。以太坊智能合约借鉴了比特币脚本，对它的应用范围进行了扩展。简单地讲，以太坊 = 区块链 + 智能合约。由此可见，智能合约的地位多么重要。与比特币脚本相比，以太坊智能合约最大的不同点是，它可以支持图灵编程完备的开发语言，允许开发者在智能合约内执行任意功能，能对资产进行精确分析，可访问整个区块链的状态。

以太坊的智能合约是建立在交易上的。本质上，交易是从一个地址发往另一个地址的消息。如果交易发送的目标是一个一般地址，那么这个交易的目的就是转账。

如果交易发送的目标是空地址，那么这个交易的目的就是创建一个智能合约。交易执行后，区块链会根据发送者的地址和发送者的 nonce（只被用一次的随机数），计算哈希值，把哈希值作为一个新的合约地址。

如果交易发送的目标是一个合约地址，那么这个交易的目的就是调用智能合约。交易执行后，区块链系统会取出目标合约地址的代码，以交易的数据作为智能合约调用的入口参数，初始化一个 EVM（Ethereum Virtual Machine，以太坊虚拟机）并执行智能合约。

11.3.3　智能合约的优势与风险

智能合约发展得如此迅速，显然与其优势是密不可分的。智能合约与传统意义上的合约相比，最大的优势就是解决了信任问题。除此之外，智能合约的优势还有以下几个方面。

（1）不可篡改：将智能合约部署到区块链后，因区块链的特性，数据将无法被删除、修改，整个过程透明可跟踪、可追溯。任何一方都无法干预合约的执行。

（2）去中心化且低成本，避免了中心化因素的影响，合约的监督和仲裁都由计算机程序自动执行，同时可降低成本。

（3）高效：由区块链自带的共识算法构建出一套自动化执行的系统，减少中间环节，能在任何时间响应请求，执行效率高。

（4）准确度高：当满足合约内容时，将自动启动智能合约的代码，既避免了手动过程中可能出现的差错，也可避免违规行为对合约正常执行的干扰。

事物都有两面性，智能合约虽然能够解决很多问题，但是自身也有缺陷。主要的不足和风险如下。

代码漏洞：智能合约一旦部署完成，任何人都无法更改。但是，只要是代码，就可能会有漏洞。因此，如果在编写智能合约的过程中，一些编码导致的漏洞就无法被解决，黑客就可能会利用这些漏洞进行攻击，从而让智能合约出现问题。

数据隐私保护：智能合约对区块链上的所有用户可见，包括源代码以及标注了私有标签的数据，因此存在造成隐私信息泄露的风险。

合约故障：由于智能合约代码的质量问题，对故障处理不当会导致合约执行故障或者无法执行的现象。

第 12 章　合规及法律基础

对于区块链产品经理而言，合规及法律基础是必备的知识。在不同的国家或地区需要设计符合当地法律、法规的产品，产品经理就需要充分了解不同国家或地区的法律。

12.1　与"区块链"技术及"虚拟货币"相关的法律与法规概述

近几年，互联网以及相关技术在迅速发展的同时也诱发了网络犯罪现象的出现。因此，我国陆续出台了一些法律、法规，逐渐形成了针对互联网以及相关技术的规则体系。

然而，区块链技术作为一项新生事物，其发展还不够成熟。最初只是作为比特币等虚拟货币的核心支撑技术而存在。后来，人们才逐渐发现这门技术可以被广泛地应用到社会的各个领域。在我国，区块链已经运用在泛金融、公共服务、数字版权、电子政务、交通、司法等领域。目前，我国专门针对区块链技术的立法还很少。但在法律、行政法规、司法解释、其他规范性文件中，都有针对利用区块链技术产生的违法行为而采取的措施的说明。下面将列举部分与区块链技术有关联性的法律条文和规定。

12.1.1　刑法和民法

《中华人民共和国刑法》的一些条款也适用于区块链技术的提供者或者使用者。我国刑法第 160 条：欺诈发行证券罪。第 176 条：非法吸收公众存款罪。第 179 条：擅自发行股票、公司、企业债券罪。第 191 条：洗钱罪。第 192 条：集资诈骗罪。第 222 条：虚假广告罪。第 253 条之一：侵犯公民个人信息罪。第 286 条之一：拒不履行信息网络安全管理义务罪。第 287 条之一：非法利用信息网络罪。第 287 条之二：帮助信息网络犯罪活动罪。适用于区块链的民法规范主要包含在《民法总则》中关于个人信息安全及网络财产、民事责任的条款中。

注：本章引用的法律或法规条款，只是部分引用，正式的条款内容，请读者参考正式的图书或文件。

12.1.2 网络安全法和电子商务法

适用于比特币的网络安全法和电子商务法条款如下。

第十二届全国人民代表大会常务委员会第二十四次会议通过《中华人民共和国网络安全法》，自 2017 年 6 月 1 日起施行。其中的第 10 条：网络建设和运营方的整体要求。第 22 条：网络运行安全方面的一般规定——产品和服务要求。第 24 条：网络运行安全方面的一般规定——实名认证要求。第 23 条：网络运行安全方面的一般规定——安全认证和检测要求。第 27 条：网络运行安全方面的一般规定——入侵以及干扰网络正常运行的规则。第 37 条：网络运行安全方面的一般规定——存储要求。第 41 条：网络信息安全方面的要求——数据收集以及使用要求。第 43 条：网络信息安全方面的要求——个人信息保护要求。第 46 条：网络信息安全方面的要求——网络产品使用要求。第 47 条：网络信息安全方面的要求——数据以及信息源的管理要求。第 49 条：网络信息安全方面的要求——投诉举报要求。

第十三届全国人民代表大会常务委员会第五次会议表决通过《中华人民共和国电子商务法》，自 2019 年 1 月 1 日起施行。其中第 9 条：电子商务经营者的一般规定——对于经营者的一般要求。第 18 条：电子商务经营者的一般规定——个性化推送方面的要求。第 23 条：电子商务经营者的一般规定——数据收集使用方面的要求。第 24 条：电子商务经营者的一般规定——对信息明示以及对用户负责的要求。第 38 条：电子商务经营者的一般规定——对销售不合规产品进行说明的要求。

第十届全国人民代表大会常务委员会第十一次会议于 2004 年 8 月 28 日通过《中华人民共和国电子签名法》，自 2005 年 4 月 1 日起施行。2019 年 4 月 23 日第十三届全国人民代表大会常务委员会第十次会议对其修正。

第 16 条 电子签名需要第三方认证的，由依法设立的电子认证服务提供者提供认证服务。

第 17 条 提供电子认证服务，应当具备下列条件：

（一）取得企业法人资格；

（二）具有与提供电子认证服务相适应的专业技术人员和管理人员；

（三）具有与提供电子认证服务相适应的资金和经营场所；

（四）具有符合国家安全标准的技术和设备；

（五）具有国家密码管理机构同意使用密码的证明文件；

（六）法律、行政法规规定的其他条件。

第 18 条　从事电子认证服务，应当向国务院信息产业主管部门提出申请，并提交符合本法第十七条规定条件的相关材料。国务院信息产业主管部门接到申请后经依法审查，征求国务院商务主管部门等有关部门的意见后，自接到申请之日起四十五日内作出许可或者不予许可的决定。予以许可的，颁发电子认证许可证书；不予许可的，应当书面通知申请人并告知理由。

取得认证资格的电子认证服务提供者，应当按照国务院信息产业主管部门的规定在互联网上公布其名称、许可证号等信息。

第 19 条　电子认证服务提供者应当制定、公布符合国家有关规定的电子认证业务规则，并向国务院信息产业主管部门备案。

电子认证业务规则应当包括责任范围、作业操作规范、信息安全保障措施等事项。

第 20 条　电子签名人向电子认证服务提供者申请电子签名认证证书，应当提供真实、完整和准确的信息。

电子认证服务提供者收到电子签名认证证书申请后，应当对申请人的身份进行查验，并对有关材料进行审查。

第 21 条　电子认证服务提供者签发的电子签名认证证书应当准确无误，并应当载明下列内容：

（一）电子认证服务提供者名称；

（二）证书持有人名称；

（三）证书序列号；

（四）证书有效期；

（五）证书持有人的电子签名验证数据；

（六）电子认证服务提供者的电子签名；

（七）国务院信息产业主管部门规定的其他内容。

第 22 条　电子认证服务提供者应当保证电子签名认证证书内容在有效期内完整、准确，并保证电子签名依赖方能够证实或者了解电子签名认证证书所载内容及其他有关事项。

第 24 条　电子认证服务提供者应当妥善保存与认证相关的信息，信息保存期限至少为电子签名认证证书失效后五年。

第 25 条　国务院信息产业主管部门依照本法制定电子认证服务业的具体管理办法，对电子认证服务提供者依法实施监督管理。

第 26 条　经国务院信息产业主管部门根据有关协议或者对等原则核准后，中华人民共和国境外的电子认证服务提供者在境外签发的电子签名认证证书与依照本法设立的电子认证服务提供者签发的电子签名认证证书具有同等的法律效力。

《中华人民共和国数据安全法》由中华人民共和国第十三届全国人民代表大会常务委员会第二十九次会议于 2021 年 6 月 10 日通过，自 2021 年 9 月 1 日起施行。其中的第 16 条：对数据开发和利用方面的要求。第 19 条：对数据交易制度的要求。第 32 条：对数据获取和采集方面的要求。这些条款都对数据安全进行了法律定义。

12.1.3　行政法规、部委通告

针对比特币的管理，国家相关部门制定了相关行政法规、部委通告，大致内容如下。

《关于防范比特币风险的通知》(银发〔2013〕289 号)。

中国人民银行 2019 年 3 月 28 日发布《关于进一步加强支付结算管理　防范电信网络新型违法犯罪有关事项的通知》。

最高人民法院，最高人民检察院，公安部 2020 年 10 月 16 日发布《办理跨境赌博犯罪案件若干问题的意见》。

中国银行保险监督管理委员会 2020 年 10 月 28 日发布《关于防范金融直播营销有关风险的提示》。

12.2　从合规合法的角度看 Web 3、DAO 以及元宇宙

12.2.1　Web 3

Web 3 还在发展阶段，目前还没有一个清晰明确的概念。维基百科上称：Web 3 是关于万维网发展的一个概念，主要与基于区块链的去中心化、加密货币以及非同质化代币有

关。与区块链有关的 Web 3 概念是由以太坊联合创始人 Gavin Wood 于 2014 年提出的，并于 2021 年受到加密货币爱好者、大型科技公司和创业公司的关注。

一般认为 Web 3 是指网站内的信息可以直接和其他网站相关信息进行交互，并能通过第三方信息平台同时对多家网站的信息进行整合。用户在互联网上拥有自己的数据，并能在不同网站上使用。Web 3 将用户变成为网络的持份者（stake holder），基于其所持有的 stake（或其他方式）参与网络规则的制定以及网络中重大事项的决策，同时参与网络中的收益分配。而 Web 3 中，用户既是用户，也是管理者和决策者，还是所有权人。

Web 3 的特征可归纳为以下几点。

（1）用户可以自由读写网络数据，并通过数字身份来参与网络活动，可以自主控制数据，不依赖任何中心化平台。（2）用户可以自主地参与去中心化的网络治理。（3）用户能够利用数字资产重构经济秩序。

Web 3 之前，个人信息被过度收集和滥用的问题是非常严重的。例如，2022 年 7 月 21 日，国家互联网信息办公室依据《中华人民共和国网络安全法》《中华人民共和国数据安全法》《中华人民共和国个人信息保护法》《中华人民共和国行政处罚法》等法律法规，对一些违法的公司进行了惩罚。

Web 3 之后，由于有了区块链技术，用户自主管理身份的解决方案被提出并逐步实现。"数字身份"或"钱包地址"作为新的身份识别手段代替了个人的账户信息，但同时也引发了一些新的法律问题。例如，（1）反洗钱，匿名性将数字货币变成一种洗钱工具；（2）数字身份背后的人格权，数字身份是否拥有人格权有待讨论，但是，数字身份背后的用户，一定拥有人格权，他们的人格权如何得到有效保护也是值得讨论的问题；（3）用户对数据的更正权和删除权无法正常实现。

Web 3 还是新生事物，综合了众多新生互联网元素，蕴含着大量有待探索的全新法律问题。不过，不论怎样，互联网活动和虚拟经济不能脱离现实世界的法律框架，必须在法律允许的范围内创新和发展。

12.2.2　DAO

在前面的内容中，我们已经详细讨论过 DAO 的概念，伴随着区块链和智能合约日益广泛的应用，数字经济的崛起，DAO 作为一种新兴的组织形式迅速被越来越多的商家采用，也对人们的经济活动和协作模式产生了一定的影响。因此，将 DAO 纳入法律管理中是大势所趋。

正是由于在 DAO 中有通证公开发行的部分，因此 DAO 在中国并不是合规存在的。

12.2.3 元宇宙

自从元宇宙的概念被提出以来，与元宇宙相关的产品纷纷出现。目前，这些相关产品的表现形式大多是数字孪生商品，如虚拟空间、数字虚拟人、游戏、NFT 等。数字虚拟人、NFT 等方面存在着非常大的法律风险，如果用户操作不当，将会面临法律的制裁。

就数字虚拟人而言，一般情况下分为两种：（1）虚拟分身，现实世界中确有其人，包括历史人物等，设计人员通过技术手段实现孪生。（2）虚构角色，这类数字虚拟人在现实中没有实体映射，是通过技术手段虚构出来的。例如，企业利用人工智能打造的虚拟员工，能进行重复度较高的工作；还有用户根据自己的喜好创作的虚拟形象等。

从合规合法的角度来看数字虚拟人，由于其并不是民事主体，所以需要特别分类对待。对它们的法律定性也需要分类讨论。

在民事主体资格上，数字虚拟人不属于民事主体，也不享有民事权利或承担民事责任。相关的民事权利、义务和责任，应当由数字虚拟人的所有人或使用人享有、履行和承担。

数字虚拟人在某种意义上凝结了开发者的智慧与劳动成果，具有一定的经济价值，属于信息类产品，是一种财产，因此是财产权的客体，应受到法律保护。

数字虚拟人虽然不是民事主体，本身不享有人格权，但是当其与现实世界产生交互时，会衍生出人格权的问题，包括肖像权和名誉权等，这些也是值得注意的。

对于数字虚拟人我们同时还需要关注知识产权的问题，包括著作权与专利。

NFT，国内称之为数字藏品，其作为元宇宙的重要组成部分之一，备受人们的关注。然而，一些侵权和不合规的案件在 NFT 的铸造和交易过程中也会出现。2022 年 4 月 20 日，被业内人士誉为中国数字藏品侵权第一案的"胖虎打疫苗"案，对数字藏品领域的合规化起到了指引的作用。

2022 年 4 月 13 日，中国互联网金融协会、中国银行业协会和中国证券业协会共同发布《关于防范 NFT 相关金融风险的倡议》，这份倡议表明了我国相关部门的监管态度，并倡议 NFT 应当去金融化、去证券化、去虚拟货币化。

12.3　区块链相关产品的合规化

在国内，使区块链相关产品合规化可采用 5 步走策略。

第一步：去"三化"，具体是指去金融化、去证券化、去货币化。

区块链产品天然会产生 Token（一种区块链上的代币），但是 Token 不应被当作或被标榜为法律意义上的货币。完全去中心化区块链上的 Token，例如比特币等，由于其匿名性的特征，可被违规操作。这样的 Token 就会产生金融风险，危害大家的财产安全。因此，应严格杜绝 Token 作为一般等价物或货币等价物。

第二步：避免匿名化。

根据相关法律法规的要求。商家在给用户提供区块链产品前需要让用户完成实名认证。

第三步：不谈去中心化，发展多中心化区块链应用。

我们在发展区块链技术时，要充分考虑发展基于区块链技术的联盟链，并发展多中心化区块链应用。

第四步：事前审查备案并评估。

工业和信息化部（简称工信部）对于区块链应用实行备案规则。对于基于区块链技术的多中心应用，应进行必要的上链审查，符合基础数据合规的要求，并通过工信部的备案后才可以对外提供服务。

此外，《区块链信息服务管理规定》第九条明确指出：区块链信息服务提供者开发上线新产品、新应用、新功能的，应当按照有关规定报国家和省、自治区、直辖市互联网信息办公室进行安全评估。第十一条指出：区块链信息服务提供者应当在提供服务之日起十个工作日内通过国家互联网信息办公室区块链信息服务备案管理系统填报服务提供者的名称、服务类别、服务形式、应用领域、服务器地址等信息，履行备案手续。

第五步：向政府主导的区块链靠拢。

由于区块链技术的特殊性，我们在构建行业应用、开发基于区块链技术的相关产品时，可以选择向政府主导的区块链靠拢。例如，开发一款数字产品，在底层区块链的选择上，我们不需要自主研发或使用可能导致不合规的公链，可以选择政府主导的区块链，例如，工信部的星火链网、北京市的长安链等。

综上所述，拥抱监管才能够实现可持续发展。

第 13 章　Web 3 的通行证
——钱包

数字货币钱包（简称钱包）被业内人士称为 Web 3 中的通行证，承载着每个 Web 3 用户的私人资产，是每个用户进入 Web 3 的关键入口，是流量的聚集地，其重要性不言而喻。

Web 3 的钱包先从帮助用户安全管理加密资产开始，逐渐增加 DeFi、IM 等功能，最终变成 Web 3 的超级入口。如果把钱包与 Web 2.0 时代的产品做一个对比，那么钱包就相当于是 Web 2.0 的支付宝或者微信。

以太坊创始人 Vitalik 曾经说过，Web 3 在应用层上还存在局限性，关键在于缺少人类身份认证以及社会关系方面的原生组件，而钱包恰恰是完美的原生组件。钱包就可以实现身份认证、身份聚合、行为认证、信用评价等功能。钱包会取代现存的注册登录系统，任何一个 Web 3 的系统都将是用户用钱包来签名并进入的。

未来，钱包的形态可能会多种多样，可能是一个应用程序，也可能是一个小型芯片。不过，需要注意解决钱包的监管、合规、隐私保护等问题。目前，以 MetaMask 为例的钱包用户的活跃数量仅几千万，而以微信为例的互联网用户的活跃数量却上亿。这意味着在 Web 3 中，钱包拥有巨大的发展潜力。

13.1　数字货币钱包的发展历程

数字货币由于没有实物形态，所以需要用一个能够展现用户所拥有的数字货币的种类、数量和交易记录等的工具来管理。这个工具就被业内人士称为数字货币钱包。数字货币钱包的形态之一是一个为用户提供操作界面的应用程序，这个应用程序可以是手机端的 App，也可以是网页端的浏览器插件等。

就像微信钱包可以展示用户可支配的人民币的数量和交易记录等信息，用户通过密码来管理这些信息一样，数字货币钱包里存储着数字货币的地址、数量和交易记录等信息，用户用密钥来管理这些信息。数字货币钱包控制用户访问权限、管理密钥和地址、跟踪余额以及签署交易。常见的误解是数字货币钱包中含有数字资产，其实数字资产被记录在区块链的区块中。用户通过与他们的钱包中的密钥签署交易来控制区块链上的数字资产。

需要特别注意的是，数字货币钱包的私钥与银行卡密码不同，因为数字货币去中心化的特点，如果私钥丢失，用户是不能够找回的，意味着将永远丢失私钥管理下的数字资产。谁掌握私钥，谁才是数字货币真正的主人。因此，数字货币的私钥非常重要。数字货币的拥有者可以根据需求来选择适合自己的数字货币钱包从而降低私钥丢失的风险。

根据数字货币钱包的发展过程，我们可以把数字货币钱包分为两代。

第一代数字货币钱包主要从比特币开始，基于 Web 端和手机端为用户提供服务，用户通过简单的界面即可完成创建钱包、转账、收款等操作，需要备份钱包的私钥或者助记词。这个阶段的钱包的功能主要以转账、记账、收款、合约交互为主。这个阶段的钱包从技术上分为非确定性钱包、确定性钱包、分层确定性钱包。

非确定性钱包的特点是钱包生成私钥，每一个私钥都是随机生成的。私钥的保存、备份、导入、导出比较麻烦。确定性钱包也叫种子钱包，所有私钥都是从一个主私钥派生出来的，这个主私钥就是种子。因为一个种子可以恢复所有的私钥，所以可解决非确定性钱包存储和备份的麻烦。分层确定性（Hierarchical Deterministic，HD）钱包私钥的衍生结构是树状结构，父密钥可以衍生一系列子密钥，子密钥又可以衍生孙密钥。目前的钱包大多是 HD 钱包，并且引入了助记词的概念，种子被编码成一些单词，便于用户记忆。

这一阶段数字货币钱包的主要代表有比特派、imToken 等。

自 2018 年开始，随着 DeFi、NFT 的发展，链上生态的逐渐繁荣，Web 3 进入大众视野，数字货币钱包进入第二代，此类钱包的核心特点是多链、多资产融合，链上合约即时交互，DeFi、Dapp 生态应用广泛。这一阶段的数字货币钱包以 MetaMask、TokenPocket 等为主要代表。

13.2　数字货币钱包的分类

13.2.1　冷钱包和热钱包

数字货币钱包按照私钥的存储方式可以分为冷钱包和热钱包两种。

冷钱包是指网络不能访问私钥的钱包。例如，保存在不联网的计算机、手机上的钱包。冷钱包避免了被黑客盗取私钥的风险，但是可能面临物理安全风险，比如计算机丢失或损坏等。

热钱包是指互联网能够访问到私钥的钱包，通常是在线钱包的形式。使用热钱包时，用户最好在不同平台设置不同密码，且开启二次认证，以确保自己的资产安全。

13.2.2　全节点钱包、轻钱包和中心化钱包

根据区块链数据的维护方式和钱包的去中心化程度，我们可以把钱包分为全节点钱包、轻钱包和中心化钱包。

以比特币为例，全节点钱包的代表是核心钱包（bitcoin-core），因为该钱包需要同步所有区块链数据，所以会占用很大的存储空间，但是这类钱包可以完全实现去中心化，从而确保区块链的有效性。

轻钱包依赖比特币网络上其他全节点，仅同步与自己相关的数据，基本可以实现去中心化。

中心化钱包不依赖比特币网络，所有的数据均从自己的中心化服务器中获得，交易效率很高，可以实时到账，例如，在交易平台注册的账号就是中心化钱包。

13.3　通过助记词推算种子的算法——BIP-39

上文中讲述确定性钱包时提到了种子，种子可以由一系列单词生成，这些单词被称为助记词。那么助记词是如何产生的，又是如何变成私钥的呢？

这就不得不介绍 BIP-39 这个标准，BIP-39 是一种通过助记词推算种子的算法，这让数字货币钱包的使用者能更加方便地对钱包进行转移、导入、导出等操作。

一般情况下，助记词都是英文单词，不过目前已经规范化的助记词还可用简体中文、日文、意大利文、韩文、西班牙文等。

一般钱包的助记词是 12 个或是 24 个，但在 BIP-39 标准下可以生成 15、18、21 个助记词。低于 12 个助记词，风险高，不建议使用。如果特别强调数字货币钱包的安全性，建议采用 24 个助记词。

由随机数生成助记词的过程分为下述 5 个步骤，如图 13-1 所示。

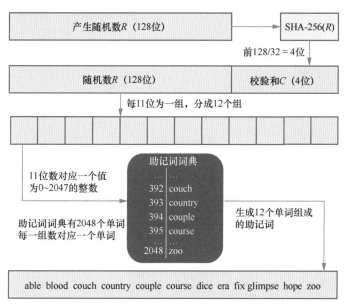

图 13-1　由随机数生成助记词的过程

注：以 128 位为例说明。

5 个步骤的具体解释如下。

（1）创建或生成一个 128 ～ 256 位的随机数 R，但是这个随机数的位数必须是 32 的倍数，设为 N。

（2）$X = N/32$，则取 SHA-256(R) 的前 X 位设为 C，C 成为校验和。

（3）将 C 添加至随机数 R 末尾，即 "R" + "C"。

（4）将 "R" + "C" 每 11 位为一组，分成若干组。

（5）每一组的 11 位数都可以得到值范围是 0 ～ 2047 的数，根据这些数去查助记词词典，就可以得到助记词了。

助记词词典就是一个包含 2048 个单词的列表，如果钱包需要支持不同语言的助记词，可以去下载不同语言的词典。

表 13-1 显示了随机数 R 位数、校验和位数、随机数 + 校验和位数以及助记词个数的关系。

表 13–1 随机数 R 位数、校验和位数、随机数 + 校验和位数以及助记词个数的关系

随机数 R 位数	校验和位数	随机数 + 校验和位数	助记词个数
128	4	132	12
160	5	165	15
192	6	198	18
224	7	231	21
256	8	264	24

由助记词生成私钥的过程需要 3 个步骤，如图 13-2 所示。首先解释一下密码学中"加盐"的概念。"加盐"是指先在密码的任意固定位置插入特定的字符串，然后让密码哈希后的结果和原始密码的哈希结果不相符。插入的那个特定的字符串就叫作"盐"。

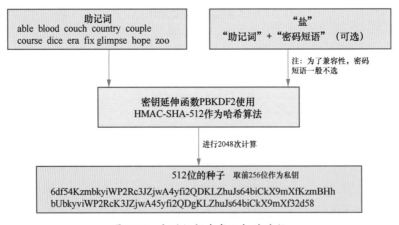

图 13-2 由助记词生成私钥的过程

（1）对助记词和"盐"使用 NFKD 进行规范化编码。这里的"盐"是"助记词"+"密码短语"。

（2）使用密钥延伸函数 PBKDF2 获得 512 位的种子。PBKDF2 使用 HMAC-SHA-512 作为哈希算法，并进行 2048 次计算。PBKDF2 的第一个参数是助记词，第二个参数是"盐"。

（3）一般情况下，这个 512 位种子的前 256 位就是私钥。

反之，我们在得到助记词之后，还可以验证助记词的正确性，验证助记词的正确性则需要以下 3 个步骤，如图 13-3 所示。

（1）到助记词词典中查询，确定用户输入的助记词在助记词词典中。

（2）先把所有助记词的索引按顺序转成二进制数据，然后进行拼接组合。

（3）把二进制数再拆分成随机数和校验和，再对随机数进行 SHA-256 运算，然后对比校验和，检验结果是否正确。

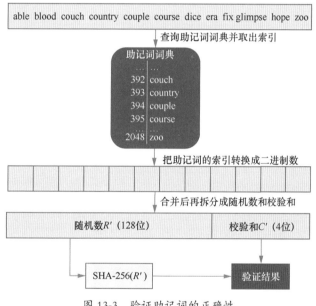

图 13-3　验证助记词的正确性

需要特别说明的是，由于使用了 HMAC-SHA-512 的 PBKDF2 算法，所以无法由 512 位的种子反向推出助记词。助记词和 128 位的随机数是可以相互转换的。

以上是对 BIP-39 标准的解读，在钱包的开发过程中，如果我们需要开发 HD（分层确定性）钱包，则还需要应用 BIP-32 标准；如果我们需要开发多用途 HD 钱包，则需要基于 BIP-43；如果我们需要开发多币种和多账户钱包，则需要基于 BIP-44。这里提到的 BIP 是

Bitcoin Improvement Proposal 的缩写，意思是"比特币改进建议"，简单来说 BIP 就像是一个提案。BIP 都是公开的，有的已经是 final（最终）版本，有的还在讨论中，感兴趣的读者可以去 Github 上查阅。

13.4　钱包在 Web 3 中的应用逻辑

在 Web 3 到来之际，数字货币钱包即将成为用户使用 Web 3 的通行证。未来，所有的用户可能都会用数字货币钱包登录 Web 3 应用。以 MetaMask 为例，用户用数字货币钱包登录 Web 3 应用的时序图如图 13-4 所示，用户在使用 Web 3 应用时，将通过以下 3 个步骤实现。

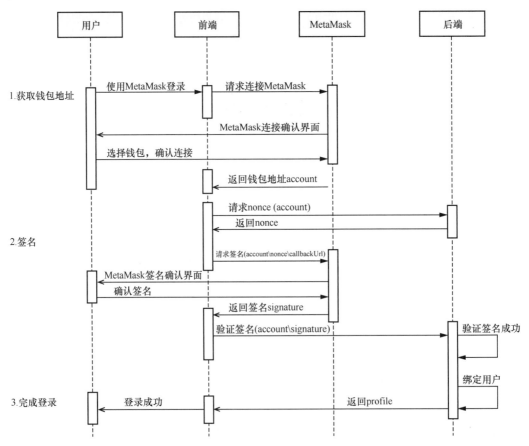

图 13-4　用户用数字货币钱包登录 Web 3 应用的时序图

（1）获取钱包地址。用户先使用 MetaMask 登录 Web 3 应用程序，Web 3 应用程序前端请求连接 MetaMask，MetaMask 连接确认界面，然后用户通过界面选择要与 Web 3 应用程序连接的钱包，并确定连接。此时，MetaMask 会给 Web 3 应用程序的前端返回钱包地址。

（2）签名。Web 3 应用程序前端会先向后台请求一个随机值，然后 Web 3 应用程序前端带着随机值请求 MetaMask 签名。MetaMask 先将签名确认界面呈现给用户，用户完成签名确认后，将签名确认结果交给 MetaMask。MetaMask 先将签名结果给 Web 3 应用程序前端，然后前端将签名信息发送给 Web 3 应用程序后端进行验证。验证成功后，Web 3 应用程序后端将绑定用户信息。

（3）完成登录。Web 3 应用程序后端绑定用户之后，则返回用户信息给 Web 3 应用程序前端。此时即完成了用户使用 MetaMask 登录 Web 3 应用程序，在 Web 3 应用程序前端即可看到用户信息。用户信息一般包括用户的钱包地址信息和基本资料信息。

13.5　实践：构建一个数字货币钱包

我们了解了什么是数字货币钱包以后，就可以构建一个数字货币钱包了。数字货币钱包将是 Web 3 的通行证。因此，我们所构建的数字货币钱包将会是一个有应用场景的、安全的、易操作的数字资产管理工具。

我们已经知道，数字货币钱包最基本的功能是查询数字货币余额。一般情况下，出于效率的原因，钱包并不会同步数字货币对应的整个分布式账本的数据，即我们所说的全链数据，而是链接到一个"中间服务"。让"中间服务"来处理余额查询和交易转账等请求，并将结果返回给用户，从而避免了区块链的规模性负载。完成上述操作通常是通过远程过程调用（Remote Procedure Call，RPC）来实现的，做数据交互时，利用 TLS 协议来完成加密通信从而保证数据安全。以 MetaMask 钱包为例，在 MetaMask 钱包中配置 RPC 服务如图 13-5 所示，MetaMask 钱包中的以太坊网络中的 RPC 服务是由 infrua 提供的。当然我们也可以自建和选择官方提供的 RPC。

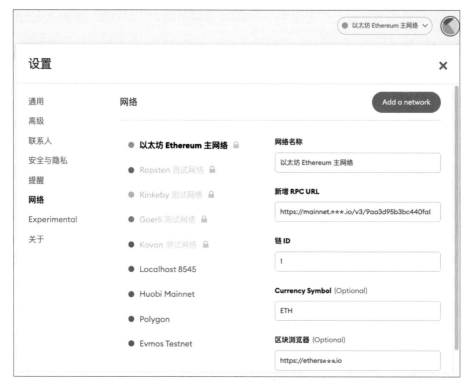

图 13-5　在 MetaMask 钱包中配置 RPC 服务

设计一个通用的数字货币钱包，基本上按照两个步骤进行。先进行体系架构设计，然后进行原型和功能设计。

13.5.1　确定体系架构

如图 13-6 所示，通用数字货币钱包的体系架构一般会分为 3 层：数据访问层、业务逻辑层、用户界面层。

数据访问层完成钱包与区块链系统节点之间的数据交互，包括数据请求、数据转换等。数据访问层主要是由 RPC 客户端构成，其负责与区块链节点的 RPC 服务端通信，并进行数据交互（想了解 RPC 协议的详情，我们可以在 jsonrpc 官网上查看 SPEC 文档）。下面举一个例子，说明请求和响应的 RPC，如图 13-7 所示。

在请求字段中，jsonrpc 表示 RPC 通信标准，2.0 为版本号，method 的值为 RPC 服务器提供的一组函数，它是严格遵循 RPC 服务端的定义的。这里的函数名称为 subtract（减法）。这个显然与普通的 HTTP 请求格式不一样，不是通过 GET 方式获取某个资源，而是符合 RPC 的基本特征，这实际就是一个函数名。在 Bitcoin 中 RPC 服务端提供的获取余额的函数名称为 get_balance，而在 ETH 中为 getBalance。params 为解析器转换后的用户参数。id 为随机值，用作区分响应。上述例子中，params 后面跟一个数组，包含两个参数（42 和 23）。服务器端的函数接收到这两个数字之后，会执行 subtract 函数，把这两个数作为 subtract 的参数，运算结果是 19。这个结果会作为响应数据返回给客户端。

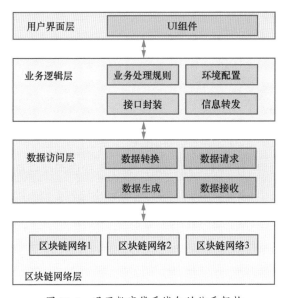

图 13-6 通用数字货币钱包的体系架构

```
Syntax:

--> data sent to Server
<-- data sent to Client

rpc call with positional parameters:

--> {"jsonrpc": "2.0", "method": "subtract", "params": [42, 23], "id": 1}
<-- {"jsonrpc": "2.0", "result": 19, "id": 1}

--> {"jsonrpc": "2.0", "method": "subtract", "params": [23, 42], "id": 2}
<-- {"jsonrpc": "2.0", "result": -19, "id": 2}
```

图 13-7 请求和响应的 RPC

业务逻辑层针对的是用户的具体请求，例如，转账（钱包的业务逻辑处理）等。业务逻辑层完成的基本功能包括两个部分：一是完成对用户请求的解析，用户的请求以数据包的形式到达业务逻辑层，业务逻辑层会解析数据包的头部和内容；二是转发用户请求到目标网络。解析完成以后，业务逻辑层会先根据用户请求中的信息来决定调用哪一种 RPC 客户端，然后查看对应的 RPC 客户端是否与区块链节点建立了连接。如果没有建立连接则先建立连接，连接建立后则调用 RPC 客户端接收用户发来的请求信息，从而将操作转化为区块链系统上的钱包操作。

用户界面层完成钱包和用户之间的交互，主要包括响应用户请求、显示数据以及状态等。用户界面层实现与业务逻辑层之间的数据交互，包含请求和响应两类数据。依然用 json 数据来举例，如图 13-8 所示。

```
-->{ "network" :" " ," method" :" params" ," address" :" " }
<--{ "data" :" " ," error" :" " }
```

图 13-8　数据请求和响应

在请求的数据格式中，network 和 address 表示区块链网络名称和对应的 RPC 服务器节点地址。在用户不提供 address 的情况下，会默认连接到公链上的 RPC 节点。method 字段为通用钱包操作标识，其实就是一组函数名称。params 值对应执行操作的参数。在响应的数据格式中，data 表示来自数据交互层的结果，error 描述在返回结果中存在的错误内容。

13.5.2　原型和功能设计

通常，构建钱包需要考虑不同的操作系统，即我们常说的 Windows 版本、Android 版本和 iOS 版本等。下面我们以移动端为例来进行通用数字货币钱包的原型和功能设计。

目前，上线运营的移动端的数字货币钱包种类繁多，功能各有不同，从界面来看，基本都是以 4 个或 5 个 Tab 页来组织的。以 4 个 Tab 页为例，第一个页面的功能包括新建钱包、导入和导出钱包、资产展示、转账、收款等基本功能；第二个页面一般是数字货币钱包的市场行情的展示；第三个页面是一些扩展功能和高级功能，如一些新闻等；第四个页面是"我的"页面，包括我的资产总览、管理钱包、地址本、交易记录以及通用设置等。

　　按照上述功能组织，我们可以设计出一个钱包的主要界面，如图 13-9 所示，左侧是钱包的主界面即"首页"，右侧为"我的"页面。

图 13-9　钱包主界面和"我的"页面设计

　　钱包的最基本功能有新建、导入 / 导出、转账和收款。

　　新建钱包：当用户第一次启动钱包客户端时，客户端里是没有钱包信息的，因此需要新建或者导入钱包。新建钱包的过程需要生成助记词，出于安全考虑，我们还需要对钱包做验证和备份，其中使用的助记词我们在前面已经讲过。基本的操作界面如图 13-10 所示。

　　导入和导出钱包：导入钱包，将已经备份好的助记词输入即可，如图 13-11 所示，当然也可以用其他形式导入钱包。需要特别注意的是，每一次导入钱包时，我们都可以进行一次密码的创建。导出钱包则可以导出助记词、私钥等。

　　转账：转账功能如图 13-12 所示，输入目标账户的地址或者从地址簿中选择目标账户的地址填入收款账号文本框中，再输入需要转账的数量，同时根据转账时的紧急程度来调节一些费用，费用越高，转账速度越快；费用越低，转账速度越慢。

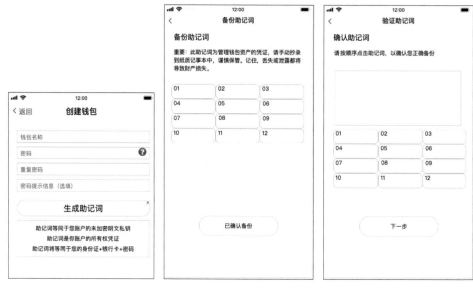

图 13-10　基本的操作界面

图 13-11　导入钱包的示例

图 13-12　转账的示例

收款：用户出示二维码让付款钱包扫码即可完成收款操作。收款界面如图 13-13 所示。

需要特别注意的是，转账和收款都需要一定的时间来执行，因此需要设置一些中间状态的页面。例如，转账中、转账成功、转账失败等状态页面。

在上述钱包的基础功能之上，我们还可以根据市场需求结合自身业务特点、资源等各个方面来丰富钱包的功能。

图 13-13　收款界面

第 14 章 Web 3 的大市场——交易所

数字货币交易所（简称交易所）是继钱包之后的 Web 3 的第二个非常重要的基础产品。为了更好地了解数字货币交易所，我们先来了解一下数字货币交易所的发展历程。自 2008 年主流的数字货币出现以来，数字货币逐渐被人知晓、使用，随着使用数字货币人数的增加，让买卖双方都可以进行便捷交易的需求被提出。于是在 2010 年的第一季度，全球第一家数字货币交易所诞生了。创始人是 BitcoinTalk 论坛的一名叫 dwdollar 的用户。因此，该交易所被称为 BitcoinMarket。但是 BitcoinMarket 也许是因为出现得太早或用户人数太少，最终被匆匆关闭。

随着主流数字货币市场规模的逐渐扩大，2012 年全球著名的交易所 Coinbase 成立。2013 年 ~ 2017 年是数字货币交易所的高速发展期，每天都有新的交易所上线。

14.1 什么是数字货币交易所

对于交易所，大家都不陌生，简单来讲，它就是进行某种交易的场所，或者说是交易某种信息及物品的集散中心，这个集散中心可以是一个地点，也可以是一个信息化的平台。例如，证券交易所、文化产权交易所、金融期货交易所等，目前，都是通过信息化的平台来完成交易的。

数字货币交易所指的就是进行数字货币交易的场所。从表现形式上来看，非常像炒股软件。它是一个进行数字货币多币种之间交易的平台。与传统的进行证券交易的炒股软件相比，数字货币交易所除了能够进行交易之外，还具有资产管理、资产清算、数字货币上架交易、做市等功能，相当于数字货币的银行。数字货币交易所主要解决了基于区块链技术的数字货币的交易问题，在这里除了可以进行单一币种之间的转账之外，不能进行多币种之间的交易，这也导致了数字货币的流通性很差的问题。

14.2 数字货币交易所的分类

在 Web 3 中，数字货币交易所是不可或缺的基础产品，按照资产管理方式可以分为中心化和去中心化两种形态。去中心化交易所和中心化交易所最大的不同在数字资产的存放位置以及撮合交易的方式两个方面。中心化交易所的特点是，数字货币都是集中存放在交易所的钱包之中的，交易规则受中心化交易控制。而去中心化交易所的特点是，数字货币存放于链上，可以随时进行交易，而且用户在一条链上交易或跨链交易都可以。撮合交易的方式不同体现在中心化交易所用的是交易所撮合算法，而去中心化交易所用的是智能合约。

有人认为，中心化交易所的数字货币交易违背了区块链"去中心化"的精神，缺少监管机制，因此会给用户带来安全隐患。

目前，由于中心化交易所存在问题，去中心化交易所开始逐渐发展并成熟起来，它基于区块链技术，依靠智能合约，以达到自动化、去信任和去中心化的目的。

14.3 实践：构建一个中心化数字货币交易所

虽然中心化交易所存在一些弊端，但其仍然是 Web 3 中的关键产品之一。下面我们就从产品的角度来学习如何构建一个中心化的数字货币交易所。

中心化交易所的核心服务包括：撮合服务、资管服务、交易服务、钱包服务、用户服务、活动服务等。技术架构则要考虑安全性、容错性、扩展性、分布式、高并发、低延时等。图 14-1 是一个中心化数字货币交易所的架构图，分为 5 个层次，每个层次完成不同的功能和服务。

我们先模拟一个中心化数字货币交易所的交易流程：一个用户在交易所的客户端发起一个交易请求后，首先由用户中心识别用户身份，然后由账户系统对用户的资产进行冻结，例如，卖出比特币时，则冻结卖出的比特币。比特币冻结成功后，系统则会把比特币交给委托交易服务处理，委托交易服务在这里负责确定交易顺序。委托交易服务确定完顺序以后会交给撮合服务。撮合服务输出成交结果后，成交记录就会进入清算系统进行清算。清算的工作就是把卖单冻结的比特币扣掉，并将卖出的数额加到其他资产上。清算系统完成清算后，更新订单状态，再通知用户，用户就可以查询买卖的成交情况了。

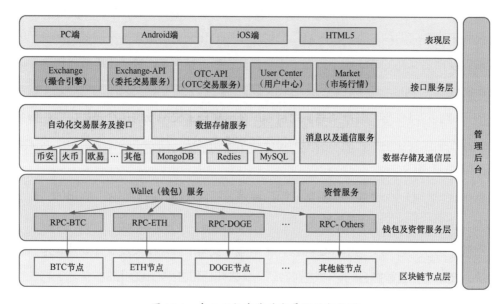

图 14-1　中心化数字货币交易所的架构图

撮合服务输出成交记录给清算系统的同时，还会将只涉及行情的成交记录输出给行情服务，由行情服务保存成交价格、成交量等信息从而输出实时价格、绘制 K 线，以便其他用户查看。

14.3.1　撮合服务

撮合服务是中心化交易所最重要的部分，主要功能是完成委托交易的撮合，先维护一个买卖盘的列表，然后按价格优先原则对委托交易进行撮合，能够成交的输出结果，不能成交的就放入买卖盘。

撮合服务先由终端用户发起委托，委托包括数量和价格，生成订单为委托成功。然后由网关负责做用户订单收集，并派发给撮合引擎。撮合引擎用于接收订单并根据业务逻辑实现订单撮合、生成交易记录、反馈交易结果。整个交易过程中的订单和交易记录保存在数据库中，以实现持久化。撮合引擎目前有两种实现形式，一种是数据库撮合，另一种是内存撮合。数据库撮合的优势是概念易于理解，逻辑容易实现并且一致性高；缺点是撮合速度慢、系统负载低、可靠性不高、数据库压力大。内存撮合的优势在于速度快、负载高、响应快、可靠性高、数据库访问压力小；缺点是一致性难保证、数据丢失可能性大、实现难度高。目前，以内存撮合方式实现的交易所较为多见。撮合方式一般分为限价订单和市价订单两种模式。

- 限价订单：是指用户设置买入 / 卖出的价格和数量，生成委托单，系统会自动撮合市场上的买单和卖单，一旦达到用户设置的价格便按照价格优先、时间优先的顺序自动成交。

- 市价订单：是指用户只设置一个买入总金额或卖出总数量，生成委托单，从买入或卖出开始撮合，直到实现总金额或总数量为止。

14.3.2　交易服务

交易服务主要包含委托单、成交单、市场行情服务以及清算服务等。交易服务有一个重要的功能是确定交易顺序。因为交易服务是对时间非常敏感的服务，不同顺序的订单让撮合服务产生的结果不同，因此，所有交易的委托订单实际上是一个有序队列，即使不同的用户在同一时间下单，也需要由交易服务来确定先后顺序。市场行情服务还包括订单成交的持久化、行情生成和行情推送。数据层面有实时 K 线数据。行情相关数据还包括对应的市场深度数据、最新价格数据以及最近成交数据等。清算服务的工作就是把买单和卖单冻结的数字资产在交易完成时进行对应的扣除和增加。

14.3.3　钱包服务

钱包服务，主要包括钱包操作、充提币和转账。

钱包操作时需要交易所参考各个区块链的官方文档安装并适配本地钱包。每一个币种对应着不同的数据访问方式。大部分区块链的钱包操作是相同或者相似的。例如，可以自建全节点、使用轻节点、使用第三方区块链浏览器获取数据、使用链的官方提供的 API 接口等。

用户对钱包的操作包括用户对数字资产的存入及提取，存入操作时需要同步区块，确定区块同步速度；提取操作时需要定期打包。

用户对钱包的操作还包括资金转入/转出记录以及用户的钱包管理、资金调节、交易记录等。

14.3.4　资管服务

传统企业的资管服务主要包括资产管理、对账流水。数字货币的资管服务主要包括矿池服务、量化、资产托管、投资理财、借贷等方面。

14.3.5　用户服务

用户服务可以分成三大部分：第一，权限管理系统，主要包括权限设置、用户权限获取等；第二，登录系统，主要是完成用户登录或者单点登录；第三，用户中心，用户中心主要包括用户的基本信息、安全信息等。用户的基本信息包括用户资产管理、展示；安全信息包括用户密码的设置与修改、KYC、交易以及其他推送信息等。KYC 是 Know Your Customer 的缩写，它已经是数字金融活动中必不可少的环节，主要用于预防反洗钱、身份盗窃、金融诈骗等犯罪行为。交易所在验证 KYC 时，一般使用三要素：姓名 + 身份验证 + 手机验证。

14.3.6　活动服务

活动服务主要处理与运营相关的事件，包括广告配置、活动设置等。例如，活动服务中的新闻公告就是把最近与交易所相关的信息进行呈现和展示，方便用户了解交易所的最新消息。

14.3.7　管理后台

如图 14-1 所示，中心化数字货币交易所的管理后台贯穿于每一个层次的服务中。主要功能除了管理上述提到的 6 种服务以外，还包含以下功能。

- 系统概况：主要是一些统计信息和数据分析，包括商业智能数据分析、币种统计、用户统计、交易统计等。

- 币种管理：包括币种的添加与删除、账户的管理等。
- 交易管理：包括商家管理、订单管理、收付款信息管理、日志管理和划转记录登记等。
- 交易所信息管理：包括新闻、图片、账户设置、邮箱设置、公告设置、数据管理、日志明细、数据库备份、系统参数设置等。

14.3.8 前端展现

对于前端展现的部分，我们通过一个交易所的实例来介绍。

例如，我们打开某个数字货币交易所，看到其首页有这样几个组成部分：登录/注册、购买、行情、现货交易、合约交易，金融业务等。这里我们只讨论登录/注册、购买、行情和现货交易。

（1）登录/注册。

一般交易所出于安全考虑都会设置双重甚至更多的验证方式，如图 14-2 所示，用户登录使用的是"邮箱+手机号"的双重验证方式。用户注册与登录完成之后，需要对账户进行安全设置以及资产管理。

图 14-2 邮箱+手机号的双重验证登录方式

账户安全设置包括实名认证（完成 KYC）、重置 / 修改登录密码、设置 / 重置 / 修改资金密码、资金密码的安全设置、验证邮箱设置等。一般情况下，安全策略会在修改密码后的 24 小时之内不允许做提取数字货币的操作。除了这些安全设置之外，用户的一些个性化的基本信息也都在这里设置。

资产管理主要包括查看资产、充值提现、资金记录、交易记录等。资产私钥归交易所所有。一般情况下，用户需要设置提现限额，交易所一般会有规则，例如，自然日限额、24 小时限额等。

（2）购买。

用户购买数字货币时要充分考虑合规性。具体的功能界面如图 14-3 所示。

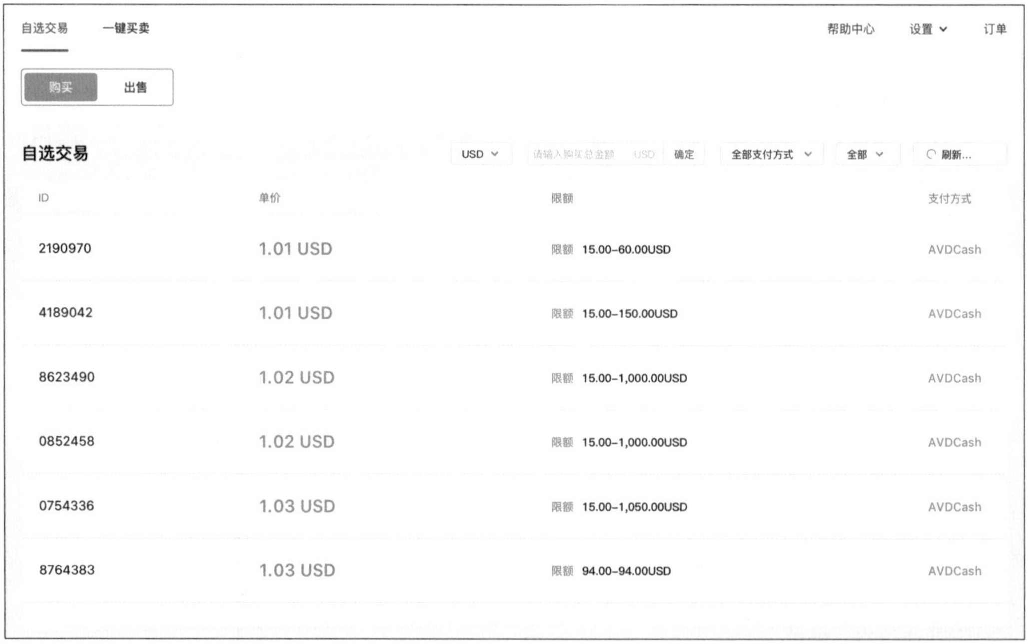

图 14-3　功能界面

（3）行情。

行情页面的设计非常简单，可以理解为交易服务中关于市场行情数据的展示，如图 14-4 所示。展示的基本要素包括：交易对、最新价、涨幅、24 小时成交量和成交额、24 小时最高价和最低价等必要信息。

交易对 ⇅	最新价 ⇅	涨幅 ⇅	最高价	最低价	24H量	24H成交额 ⇅	操作
★ ▓▓▓T 5X	43119.56 ≈ $43119.56	-2.37%	44290.31	42730.71	1.53万	$ 6.67亿	详情 ∨
★ ▓▓▓T 5X	3163.89 ≈ $3163.89	-2.85%	3268.63	3143.00	12.46万	$ 4.00亿	详情 ∨
★ ▓▓/USDT 5X	9.2201 ≈ $9.22	-0.21%	9.3000	9.0210	143.09万	$ 1315.30万	详情 ∨
★ DC▓▓▓T 5X	19.7446 ≈ $19.74	-2.82%	20.5124	19.4544	63.38万	$ 1272.74万	详情 ∨
★ ▓▓▓T 5X	15.3394 ≈ $15.33	-2.55%	15.8797	15.1010	56.04万	$ 870.98万	详情 ∨
★ ▓▓USDT 5X	329.99 ≈ $329.99	-3.98%	348.97	326.14	1.42万	$ 479.17万	详情 ∨
★ ▓▓▓T 5X	112.28 ≈ $112.28	-2.98%	116.57	110.11	11.83万	$ 1346.30万	详情 ∨
★ ▓▓▓T 5X	88.3309 ≈ $88.33	-3.09%	92.5602	87.1519	2.81万	$ 252.78万	详情 ∨
★ ▓▓▓T 4X	1.061051 ≈ $1.06	-3.26%	1.106680	1.038804	2095.35万	$ 2254.79万	详情 ∨
★ ▓▓▓T 5X	2.4332 ≈ $2.43	-5.18%	2.5767	2.3923	419.41万	$ 1040.27万	详情 ∨
★ ▓▓▓T 5X	166.14 ≈ $166.14	+1.14%	168.25	158.58	1.58万	$ 258.91万	详情 ∨
★ ▓▓▓T 3X	0.0000019785 ≈ $0.00000197	-1.01%	0.0000020207	0.0000019667	166376.20亿	$ 3312.89万	详情 ∨

图 14-4　行情页面

（4）现货交易。

　　现货交易页面可能是交易所中最常用的一个页面，数字货币的交易都在这里进行。这个页面在设计上可以分为 4 个部分，如图 14-5 所示。

图 14-5　现货交易页面

最左侧是行情列表，展示了当前不同的数字货币的最新价格和涨幅。中间部分分成了两块，上面是 K 线，下面是交易的操作部分，即在这里可以交易数字货币，也可以选择委托限价、市价、止盈止损等。最右侧是盘口和实时成交情况。

整个现货交易页面与传统炒股软件的交易页面非常相似。

综上所述，关于中心化数字货币交易所的前端展现的功能还有很多，随着行业的发展，杠杆、期货、合约、理财等功能将逐渐集成在中心化交易所中。

14.4　与交易相关的基本概念

关于"仓"的概念："仓位"是指投资人实有投资资金和实际投资资金的比例，例如，投资人实有投资资金为 10 万元人民币，实际投资资金为 2 万元，则"仓位"是 20%。"全仓"是指实有投资全部变成实际投资，也可以说"仓位"是 100%，也叫"满仓"。"减仓"指的是降低实际投资资金，但不是降到零。"重仓"指将大部分资金投入在一种投资资产上。"空仓"指实际投资资金为零。"补仓"指的是分批进行投资的行为，例如，先投资 10 万元人民币，再投资 10 万元人民币。"爆仓"指投资者账户上的保证金已经不能维持原来持有的合约了。"平仓"是通过一手反向的交易来了结以前的合约，可以是止盈，也可以是止损。

止盈与止损：止盈指的是获得一定收益后，将所持投资资产卖出以保住盈利；止损指的是亏损到一定程度后，将所持投资资产卖出以防止亏损进一步扩大。

牛市与熊市：牛市指的是投资资产价格持续上升，前景乐观；熊市指的是投资资产价格持续下跌，前景黯淡。

多头与空头：多头指的是买方认为投资资产价格未来会上涨，随即买入，待投资资产上涨后，高价卖出获利；空头指的是卖方认为投资资产未来会下跌，将手中持有的投资资产卖出，待投资资产价格下跌后，低价买入获利。

超买与超卖：超买是指投资资产价格持续上升到一定高度时，买方力量基本用尽，投资资产价格即将下跌；超卖是指投资资产价格持续下跌到一定低点，卖方力量基本用尽，投资资产价格即将回升。

诱多与诱空：诱多是指投资资产价格盘整已久，下跌可能性较大，空头大多已卖出投资资产，突然投资资产价格被拉高，诱使多头以为投资资产的价格将会上涨，纷纷买入，结果空头打压投资资产价格，使多头套牢；诱空是指多头买入投资资产后，故意压低投资资产价格，使空头以为投资资产价格将下跌，纷纷抛出，结果误入多头的陷阱。

横盘与阴跌：横盘是指投资资产的价格波动幅度较小，长时间处于基本稳定的状态；阴跌是指投资资产的价格缓慢下滑。

跳水回弹：跳水是指投资资产的价格快速下跌，幅度很大；回弹指股价终因下跌速度过快而反转回升到某一价位的调整现象。

割肉与踏空：割肉是指因为买入投资资产后，投资资产价格下跌，为避免亏损扩大而赔本卖出投资资产；踏空是指因对市场看跌，卖出投资资产，结果投资资产的价格却一路上涨，未能及时买入。

套牢与解套：套牢是指预期投资资产价格上涨，不料买入后却下跌；解套是指买入投资资产后，投资资产价格下跌造成暂时的账面损失，但之后投资资产的价格回升，扭亏为盈。

合约交易：合约交易是指买卖双方按照约定的协议进行交易，一般是约定未来某个时间按照指定的价格交易一定数量的投资资产。合约交易的买卖双方由交易所统一指定标准合约，并规定投资资产的种类、数量、时间等信息。合约代表了买卖双方所拥有的权利和义务。

按照交割方式的不同，可以分为定期合约和永续合约。定期合约有固定的交割日期，一般是以周或季度为单位，永续合约没有固定的交割日期。

杠杆交易：杠杆交易是一种投资方式，投资者用自有资金作为担保，向交易所借出投资资产，在投资过程中把借出的投资资产放大数倍，进行更大的交易从而获得更多的收益，同时承担更高的风险。特别情况下，当投资资产价格下跌到某一风险值时，则会面临强行平仓的风险。

14.5　中心化数字货币交易所的安全管理

中心化数字货币交易所的安全问题历来都是一个非常严肃的话题。交易所出现安全问题的事件主要有两种：一种是用户自身意识不足导致的安全事件，主要表现是忘记或丢失私钥；另一种是交易所的安全体系不够完善导致的安全事件。

交易所的安全体系分为两个层面，一个是人为操作层面，另一个是技术层面。因此，我们在设计产品的安全体系时，务必要从这两个层面着手。

人为操作层面需要做好以下安全策略：权利分割，交易和转账两种权限不能掌握在同一个人手中；设定 7×24 小时的全年无休模式时，给相关操作员合理排班；对于私钥的管控，坚决执行单线联系，遇到员工转岗的情况，私钥需要重新设定，并采用冷钱包管理私钥以及定期更换私钥；充币 / 提币的用户验证，如遇到分叉问题则关闭充币 / 提币操作；对首次提币用户的地址重点监控，对充币 / 提币进行数据分析；重点监控大额充币 / 提币。

技术层面需要做好以下安全策略：代码上线前的测试需要研发部门和测试部门双重确认；版本管理、产品上线采用灰度模式，有问题及时回滚；交易数据存档；运维人员全程保障；定期运行测试用例等。

合理的安全架构、完善的风控应急预案、整体的安全测试以及完善的应急处理机制和补偿机制都是安全体系必不可少的组成部分。

14.6　去中心化数字货币交易所

上文中我们已经提及：去中心化交易所和中心化交易所最大的不同在于数字货币的存放位置以及撮合方式两个方面。在去中心化交易所中，用户的资产在用户钱包地址或者交易的智能合约中，由用户完全控制。用户发起交易时，交易所执行智能合约来完成交易，资产划转在链上完成。

去中心化交易所一般都基于一个去中心化金融协议来构建。例如，Uniswap、SushiSwap、Curve 等。所以，构建一个去中心化交易所相对而言会比较简单，我们只需要先实现一个交易前端界面，然后将协议的合约进行逐一部署就可以了。

虽然去中心化交易所更安全、更可控、更公开透明，但是由于其所有交易都会上链，所以受到区块链速度的影响，会给用户带来缓慢的体验。此外，去中心化交易所并不能处理大并发的实时交易，因此在交易量和流动性上不如中心化交易所。

第 15 章 Web 3 中的监视器 ——区块链浏览器

继钱包和交易所之后，区块链浏览器也是 Web 3 中必不可少的基础设施，其重要程度与钱包和交易所一样。因此，产品经理应会设计区块链浏览器。

15.1 区块链浏览器

大家对浏览器不陌生，市面上使用的有 Windows 的 IE 浏览器、苹果的 Safari 浏览器、Google 的 Chrome 浏览器等。这些浏览器都是一种用于检索并展示网络信息的应用程序，通常由用户界面、浏览器引擎、渲染引擎、网络、脚本语言解释器、数据持久化存储等部分组成。但是，区块链浏览器则完全不同。

从严格意义上来说，区块链浏览器仅是一个网站。这个网站的主要任务是解析区块链上的数据并做可视化展示。因为区块链上的数据存储和处理并没有实现可视化，因此，区块链浏览器就成了方便用户获取区块链上数据信息的一种工具了。

用户可以用区块链浏览器浏览和查询区块链上的信息，用户不需要了解区块链的底层技术，通过 Web 页面，在区块链浏览器地址栏中输入必要的信息就可以查看到某区块链上的节点、区块和交易信息。例如，可以查询某个区块的创建时间及所包含的交易；通过一个钱包地址可以查询这个钱包地址里的资产信息以及交易记录；通过一个交易记录也可以查询与这个交易相关的所有信息。

综上所述，区块链浏览器是链上数据可视化的主要窗口。它的主要任务是记录、统计不同区块链网络的数据等。

15.2　区块链浏览器的组成

区块链浏览器是由不同类的数据信息组成并以用户界面来展示的。区块链浏览器的数据信息主要包括以下几种。

1. 区块链概要信息

区块链概要信息一般都在区块链浏览器的首页展示，我们以以太坊区块链浏览器为例来说明，如图 15-1 所示。

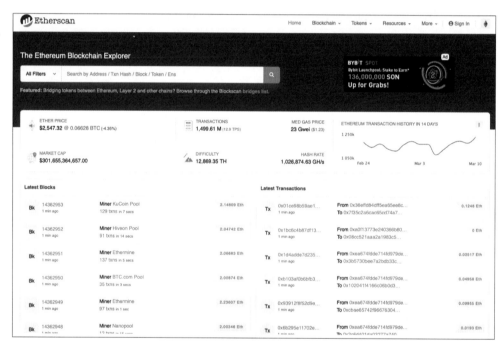

图 15-1　以太坊区块链浏览器

区块链概要信息是区块链的总体性概述，可以展现该区块链的整体运行情况，能够反映该区块链的安全程度、交易活跃程度等。具体来说，区块链概要信息包括最近出块情况、当前交易总量、最近交易情况、市场价格、市值情况等。当然，首页里也有对区块链数据信息进行搜索的搜索引擎入口。

2. 区块信息

因为区块链是由一个个区块链接而成的，所以每链接一个区块就是在向区块链上增加数据。图 15-2 显示的是以太坊上第 14363899 块的具体信息，14363899 为区块高度。

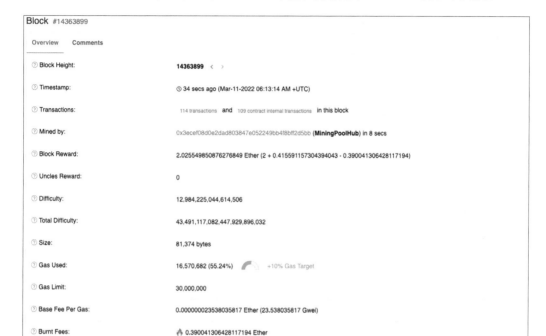

图 15-2　以太坊上第 14363899 块的具体信息

这里需要补充说明，区块信息的展示是根据区块链的数据结构来决定的。不同的区块链的数据结构是不一样的，但是都会分为区块头和区块体。区块头一般包含当前区块的特征信息，如生成时间、实际数据（即区块体）的哈希值、上一个区块的哈希值等，就以太坊来说，就是图 15-2 中显示的信息。区块体一般包含本区块所包含的实际交易信息，就是图 15-2 中 Transactions 中的信息，我们可以看到 Transactions 中包含了 114 笔交易。

3. 交易信息

在区块信息中我们知道了区块体一般包含了当前区块的实际交易信息。这里的交易信息指的是一笔转账交易所产生的信息，如图 15-3 所示，这是 14363899 块中第一笔交易的信息。可以看到，一笔交易主要包含交易哈希值、交易状态、所属区块、交易时间、交易费用等信息。

图 15-3　以太坊 14363899 块中第一笔交易的信息

所谓区块链所有信息，通常包括：ChainInfo、BlockInfo、TransactionInfo、ContractInfo

（TokenInfo、ScriptInfo）、AddressInfo 等，这也构成了区块链浏览器产品的基本架构。

4. 合约信息

一些区块链中有一种特殊的交易，这种交易不是基于人为发起的一笔转账动作，而是基于一个智能合约，该合约是用代码提前编写好的，在触发了某种条件下自动执行交易。它虽然本质上仍然是一种交易，但实际信息要比一般交易复杂。例如，我们可以来看一看 DeFi 的一个项目 Uniswap 的合约信息是什么样的。先在区块链浏览器的搜索框中键入"Uniswap"，然后会进入图 15-4 所示的页面。在页面中，我们会看到 Profile Summary 下有一个 Contract。单击 Contract 后面的字符串（这里称为合约地址）就可以看到 Uniswap 合约的具体信息了。

图 15-4 Uniswap 的合约页面

Uniswap 合约的具体信息如图 15-5 所示，包含了合约的名字、合约所用语言编译器的版本，以及源代码等。

5. 地址信息

地址就像互联网中的账户一样，区块链上的交易就是在交易双方的地址关联后发生的。我们通过一个地址可以查询到与这个地址进行过的所有交易的信息。每创建一个钱包就会产生一个地址，每创建一个合约也会产生一个地址。我们以"0x1C17622cfa9B6fD2043A76DfC39A5B5a109aa708"这个地址为例，如图 15-6 所示，可以看到这个地址的一般信息，包括 Token（这个地址中有 127 种 Token），以及最近的 25 条交易记录等。

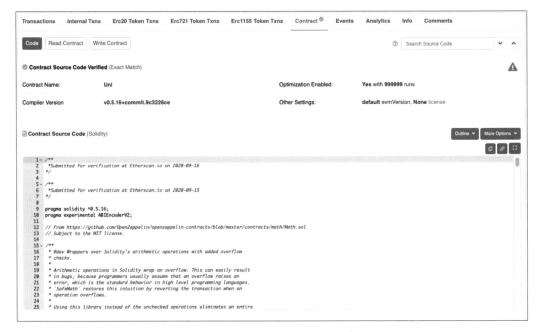

图 15-5　Uniswap 合约的具体信息

图 15-6　0x1C17622cfa9B6fD2043A76DfC39A5B5a109aa708 地址的交易信息

Latest 25 from a total of 59,848 transactions

	Txn Hash	Method	Block	Age	From		To	Value	Txn Fee
👁	0x07118a1e10bd52213...	Transfer	14364139	45 secs ago	0x1c17622cfa9b6fd204...	OUT	0x9eecb2f01c702b4a9...	0.0061150260268 Ether	0.001605194332
👁	0x5c4a8d0f6cfa354061...	Transfer	14364113	8 mins ago	0x1c17622cfa9b6fd204...	OUT	Axie Infinity: AXS Token	0 Ether	0.003717288
👁	0xe3ec4589db3d2e411...	Transfer	14364062	19 mins ago	0x1c17622cfa9b6fd204...	OUT	UMA: UMA Token	0 Ether	0.009090172452
👁	0xf1c96d5b3485310af0...	Transfer	14363981	37 mins ago	0x1c17622cfa9b6fd204...	OUT	Fantom: FTM Token	0 Ether	0.002638736542
👁	0x5f3ebf30ae6cb11d0f...	Transfer	14363956	42 mins ago	0x1c17622cfa9b6fd204...	OUT	0x2d6ee5c8a3b2370cb...	0.00540580373344 Ether	0.00141902348
👁	0xfe2a4e45a4757d490...	Transfer	14363928	47 mins ago	0x1c17622cfa9b6fd204...	OUT	Chiliz: CHZ Token	0 Ether	0.002612578065
👁	0x95299f4167fd1d5929...	Transfer	14363900	53 mins ago	0x1c17622cfa9b6fd204...	OUT	0xffc941f0dd7db25e65...	0.0059653332808 Ether	0.001565899986
👁	0x83bf9ef35e751a9164...	Transfer	14363616	1 hr 57 mins ago	0x1c17622cfa9b6fd204...	OUT	Fantom: FTM Token	0 Ether	0.002687533898
👁	0xfb5c64dfb29bebfeb4f...	Transfer	14363501	2 hrs 24 mins ago	0x1c17622cfa9b6fd204...	OUT	Shiba Inu: SHIB Token	0 Ether	0.003890662832
👁	0xef6711e0bd5134ec5c...	Transfer	14363497	2 hrs 24 mins ago	0x1c17622cfa9b6fd204...	OUT	Shiba Inu: SHIB Token	0 Ether	0.00258980291
👁	0x9207a9921f66479fb6...	Transfer	14363404	2 hrs 48 mins ago	0x1c17622cfa9b6fd204...	OUT	Ankr Network: ANKR T...	0 Ether	0.00390806461
👁	0x514872bb4a6b06bfc...	Transfer	14363393	2 hrs 50 mins ago	0x1c17622cfa9b6fd204...	OUT	Fantom: FTM Token	0 Ether	0.004326806249
👁	0xb12595b9a5530ede0...	Transfer	14363382	2 hrs 54 mins ago	0x1c17622cfa9b6fd204...	OUT	0x3aff86656a65f3d81b...	0.00580416506832 Ether	0.00152359333
👁	0x89d19ca8003572fd7...	Transfer	14363159	3 hrs 39 mins ago	0x1c17622cfa9b6fd204...	OUT	Decentraland: MANA T...	0 Ether	0.004252825598
👁	0x74e006e5fb2886090...	Transfer	14363139	3 hrs 43 mins ago	0x1c17622cfa9b6fd204...	OUT	0x3aff86656a65f3d81b...	0.00618230444176 Ether	0.001622854915
👁	0x1603dcd38f8fcfe6d4...	Transfer	14363049	4 hrs 4 mins ago	0x1c17622cfa9b6fd204...	OUT	0x8ee6d3a9e820a31f7...	0.00700464363384 Ether	0.001838718953
👁	0x36774018d17fbdde8...	Transfer	14363047	4 hrs 5 mins ago	0x1c17622cfa9b6fd204...	OUT	0xa483950315acf0ff34f...	0.00663550753752 Ether	0.001741820728
👁	0x18f6da74342bd9ddf3...	Transfer	14362999	4 hrs 15 mins ago	0x1c17622cfa9b6fd204...	OUT	The Graph: GRT Token	0 Ether	0.003869568716
👁	0xeda8b2965f3b1a868...	Transfer	14362872	4 hrs 38 mins ago	0x1c17622cfa9b6fd204...	OUT	Fantom: FTM Token	0 Ether	0.003033483125
👁	0xd793b19a9b7179af1...	Transfer	14362819	4 hrs 51 mins ago	0x1c17622cfa9b6fd204...	OUT	Axie Infinity: AXS Token	0 Ether	0.003290123548
👁	0x4930af252f36b56e48...	Transfer	14362614	5 hrs 38 mins ago	0x1c17622cfa9b6fd204...	OUT	OMG Network: OMG To...	0 Ether	0.003929459708
👁	0x10e5f0a898c9c506a...	Transfer	14362589	5 hrs 43 mins ago	0x1c17622cfa9b6fd204...	OUT	Shiba Inu: SHIB Token	0 Ether	0.002584178225
👁	0x26b7c5135ae483297...	Transfer	14362407	6 hrs 26 mins ago	0x1c17622cfa9b6fd204...	OUT	0x3aff86656a65f3d81b...	0.00674722399672 Ether	0.001771146299
👁	0xc8cc1cbfe1b52af651...	Transfer	14362379	6 hrs 33 mins ago	0x1c17622cfa9b6fd204...	OUT	Basic Attention: BAT To...	0 Ether	0.003054418633
👁	0xc3da7e8ee96f069f30...	Transfer	14362322	6 hrs 46 mins ago	0x1c17622cfa9b6fd204...	OUT	0x6e246f24044312cdd...	0.00702442834424 Ether	0.00184391244

图 15-6　0x1C17622cfa9B6fD2043A76DfC39A5B5a109aa708 地址的交易信息（续）

15.3　实践：构建一个区块链浏览器

15.3.1　技术方案设计

　　由于区块链上所有数据都是开放的，而且数据量持续增加，所以数据量巨大。例如，截至 2022 年 3 月 11 日，以太坊的交易数量已经达到了 15 亿次，地址数已经接近 2 亿个，并且每天以近 10 万个的规模持续增加。图 15-7 展示了以太坊随时间变化的地址数量。

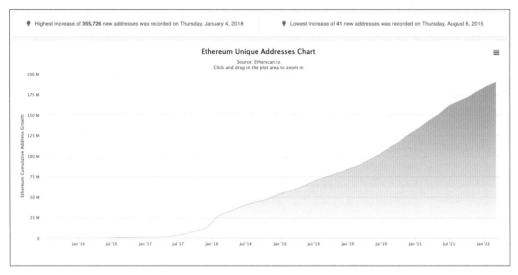

图 15-7　以太坊随时间变化的地址数量

所以，设计区块链浏览器的关键点是，考虑好数据的持久化和数据的解析查询。需要做的事情可以分成 3 个部分，一是从区块链上获取数据，二是将获取到的数据经过解析后存储到一个数据库中，三是从数据库中读取数据并做可视化展示。

1. 获取数据

获取区块链的数据一般有 3 种方法，即通过 RPC 接口、P2P 协议或者是本地全节点来获取数据，当然每种方法都有不同的优缺点。一般通过 RPC 接口来获取链上数据。

2. 数据解析及存储

因为区块链是一个链式结构，每一个区块都是通过计算前一个区块的哈希值而链接在一起。每一个区块中又包含着一组交易，从第一个区块依次向后获取每个区块的信息，以及获取区块中的所有交易，对交易进行解析，解析完成的数据存入数据库中，以后查询时使用。在存储数据的时候就需要对数据库进行选型。存储数据常用的数据库包括 MySQL、RocksDB、TiKV 等。一般的区块链通常会使用 TiKV。区块链浏览器对搜索的要求非常高，因此，在做搜索技术选型时，一般使用 Elasticsearch。

3. 数据可视化展示

数据可视化展示就是把数据库里的原始数据通过可视化的形式展示出来。另外，以原始数据为基础，用户利用数据分析工具还能够挖掘出非常多的数据价值，这也是未来 Web 3

产品的一个特殊的用途。

15.3.2　产品原型及功能设计

我们确定了技术选型和方案以后，就可以进行区块链浏览器的产品原型及功能设计了。一个区块链浏览器的原型和功能设计是非常简单的，就像建立一个网站一样。下面我们根据区块链浏览器的产品原型和功能来构建一个以太坊的区块链浏览器。

我们可以将导航栏分为首页、区块、交易、地址、Token等部分。首页中包括搜索框、概要数据、详细数据这3个部分。其中概要数据包含了最新区块、算力、交易总笔数、流通总量、总销毁数量、24小时交易数、持币地址数以及以太坊的价格和涨跌幅度。详细数据包括最新区块、最新交易、每日活跃地址数以及每日交易笔数，区块链浏览器首页设计如图15-8所示。

图 15-8　区块链浏览器首页设计

单击导航栏的区块、交易、地址、Token，我们可以看到具体的分类信息。其他部分我们可以设定一些更有意思的扩展内容，如一些可视化图表、排行榜、大额交易榜等。

第 16 章　Web 3 中的金融形态
——DeFi

Kevin Kelly（凯文·凯利）曾经在《新经济，新规则》一书中提出，随着科学技术的不断创新，我们正在进入一个新的经济世界。新经济的显著特点有 3 个：第一，它是全球的；第二，它关注的是无形的事物，如观点、信息、关系等；第三，这些无形的事物之间有着密切的联系。新经济的这三大属性催生了新的市场导向和社会形态，这将是一个无处不在的网络社会。

《经济学人》上的一篇文章提到：随着构建在各种区块链上的应用在规模和功能上蓬勃发展，一种新型"去中心化"的数字经济成为可能。也许这种数字经济中最重要的部分是去中心化金融（DeFi）的应用，这些 DeFi 的应用使用户能够交易资产。

16.1　DeFi 概述

16.1.1　DeFi 介绍

DeFi 是 Decentralized Finance 的英文缩写，一般翻译为分布式金融或去中心化金融。它实际上是构建开放式金融系统的去中心化协议，目的是让世界上任何一个人都可以随时随地进行金融活动。

具体来说，去中心化金融主要是通过区块链、智能合约等技术去除第三方机构或中介，让交易双方直接进行交易的金融活动。这些金融活动包括转账、理财、货币兑换、借贷、抵押等。去中心化金融能够避免因繁杂的中间环节导致的时间和资金的浪费。目前，DeFi 的分类包括借贷市场、稳定币、去中心化交易所、DeFi 基础设施等 10 多个方面。

16.1.2　DeFi 的优势

DeFi 自出现以来备受人们关注，一度成为热点话题，甚至有人提出大胆猜想："DeFi

是否能取代传统金融？"现实而言，传统金融的中心化治理方法经历过很长时间的发展和沉淀，并不是随便一个"去中心化"的概念可以取代的。现代社会中，大多的金融机构是中心化模式，如银行、保险公司、证券公司、交易所等，但这不能否认传统金融确实存在一定的劣势。

例如，我们去一个经济比较落后的地方旅行，很有可能出现银行卡无效、需要现金时无法提取的情况。如果进行跨行转账，使用中心化的金融产品或服务时，必须要经过金融机构，而且要经历各种复杂的流程。一般还需要支付高额的手续费用且有时无法及时到账。如果此时能够使用去中心化金融产品进行转账、交易，则只要连接网络即可以最快的速度、最低的成本实现交易。这就是 DeFi 在真实场景下的应用价值。

DeFi 是建立在区块链技术和智能合约的基础上的一个公开透明、高效便捷的新金融体系，DeFi 与传统金融系统相比具有以下四大优势。

• 流动性强：由于 DeFi 运行在公链上，无须许可，人人都可以参与，其金融活动不再受制于地域的局限，极大提高了市场流动性。根据 DeFiLlama 的数据显示，2021 年年底全球 DeFi 项目的总锁仓量已经超过了 1800 亿美元，达到了峰值。

• 金融成本低，无须信任和授权：DeFi 的去中心化的特点，降低了交易成本；用户私钥掌管在自己手中，抵押资产在智能合约里随时可以查看，降低了交易风险；用户不用向有关机构确认交易的有效性，去中心化的机构不能随意撤回或取消某笔交易。

• 开放式协同合作，具有金融普惠性：DeFi 是一个任何人只要在有网络连接的情况下便可访问的金融系统，其不受地域限制，并且智能合约之间有互操作性，这意味着它可以应用于不同项目。

• 自我监管，风险防控能力强：DeFi 的各类产品都源于区块链技术以及智能合约。区块链技术具有公开、透明、不可篡改的特性，加之所有交易都是链上公开审计、可追溯、可查询，所以，DeFi 的风险防控能力强，给用户、市场增强了信心，让投资者的资金在大众监管下变得更加安全。

16.1.3 DeFi 潜在的风险

虽然 DeFi 优势明显，但发展并不成熟，还存在一定的风险。

● 操作性风险：在现阶段，DeFi 用户中大多为专业人士或对其感兴趣的人，其他人士大多不具备区块链和加密技术的相关知识，想要使用 DeFi 产品，操作难度较大，有一定的学习成本，而且 DeFi 产品暂时没有广泛应用，因此，用户在操作过程中很容易出现资产流失的情况。

● 安全风险：由于 DeFi 去中心化的特点，意味着用户无须通过 KYC、信任凭证的合规验证，虽然在形式上减少了很多烦琐的过程和中心化机构的监管控制，但存在无法有效确保交易双方资产安全的问题。例如，一些 DeFi 产品在多种技术和模式的组合下，其代码可能会被黑客发现漏洞并加以利用，这有可能给机构和用户带来巨大的资金损失。

● 监管风险：DeFi 没有设定规范的投资门槛，普通投资者也可参与，这意味着非法资金也可以流通，DeFi 无法冻结异常账户，交易也无法撤销。因此，DeFi 有监管难的风险。

● 交易风险：例如，在 DeFi 的抵押借贷产品中，抵押资产价值很可能会随市场出现大幅度波动，如果用于抵押的资产价值突然下降，智能合约就会按预订规则强行平仓，从而导致用户遭受资金损失。

16.1.4　DeFi 的未来

2020 年，随着 DeFi 概念的爆发，各类新型 DeFi 应用也层出不穷，市场竞争愈发激烈。市场上出现了 Uniswap、Compound、Balancer、Airswap、Curve、Aave 等 DeFi 项目。

但是，目前 DeFi 还处于早期阶段，非常不成熟，想要获得更多用户的支持和认可，还需要更新的技术和更加完善的运行机制。虽然 DeFi 现在的整体用户量和锁仓总值增长迅猛，但是市场规模还不是很大。就市场来看，DeFi 项目短期的活跃主要来源于投机热潮，但从长远来看，这并不是 DeFi 的核心价值，DeFi 作为一种开放的新金融系统，它的价值应该是创造一种全新的金融体系，更好地解决中心化金融市场所面临的问题。

DeFi 和传统金融还可以兼容互补。与传统金融市场相比，DeFi 占比仍然非常小，如果 DeFi 与传统金融相融合，DeFi 市场也将随之扩大。

16.2 DeFi 产品分类解读

16.2.1 借贷

DeFi 可以在几十秒的时间内完成一笔贷款，与流程烦琐复杂的传统金融借贷相比，去中心化的借贷利用智能合约，让整个借贷过程更加快捷，而且公开透明。较为常见的去中心化贷款协议可以分为 3 类，第一类是 P2P 撮合的模式，如 Dharma、dYdX；第二类是稳定币的模式，如 MakerDAO；第三类是流动池交易的模式，如 Compound，表 16-1 所示的是几种去中心化借贷产品的差别。

表 16-1 几种去中心化借贷产品的差别

类目	MakerDAO	Compound	Dharma	dYdX
借款期限	无固定借款期限	无固定借款期限	最长 90 天	无固定借款期限
资产	DAI（仅限借款）ETH（仅限抵押品）	DAI，ETH，ZRX，REP，BAT	DAI，ETH	DAI，ETH，USDC
利息约定	可变动，由 MKR 持有者统一设定	可变动，根据供求关系设定算法	固定，利率由 Dharma 集中设定	可变动，根据供求关系设定算法
清算罚款	13%	5%	未确定	5%
抵押品要求	最低 150%	最低 150%	初始抵押 150% 最低 125%	初始 125%，最低 115%

Compound

Compound 是一个运行在以太坊区块链上的货币市场，也可以说是以太坊区块链上的一个"银行"，是一个任何用户和机构都能够使用的链上账本，可以进行存款和借款。因为 DeFi 是去信任化的，并且没有负债的概念，因此借贷行为需要超额抵押。

Compound 协议的概念很简单，总结下来就是，借款人支付利息，存款人分享利息收益。在 Compound 中每一种数字资产都会有一个借贷市场。每一个借贷市场就是一个智能合约，里面记录了借贷市场的所有信息。当借贷市场开放以后，用户就可以进行借贷了。借贷行为越多，市场运行越良好；用户存储的资产越多，获得的利息也就越多。

Compound 协议的核心内容可以用"借款收益 = 存款利息"来表示。具体而言：借款总额 × 借款利率 × 时间 = 存款总额 × 存款利率 × 时间。

如果没有任何交易事件发生，存款总额、借款总额就不会发生变化，利率在这个时间段里也会一直保持不变。随着交易事件的产生，存款/借款总额会发生变化，就会引起利率的改变。

例如，我们定义借款利率为 3%，T 表示时间。表 16-2 则描述了不同交易事件下的存款总额、借款总额和存款利率的变化情况。

表 16–2　不同交易事件下的存款总额、借款总额和存款利率的变化

状态	时间	交易事件	存款总额（元）	借款总额（元）	存款利率	借款利率
1	T0	无	100	0	0	3%
2	T1	张三借 75	100	75	0.75×3% = 2.25%	3%
3	T2	李四存 50	100 + 50 + 75×3% = 152.25	75 + 75×3% = 77.25	77.25×3%÷152.25 ≈ 1.5%	3%
4	T3	张三还 30	152.25×(1 + 1.5%) ≈ 154.5	77.25×(1 + 3%) − 20 ≈ 59.57	59.57×3%÷154.5 ≈ 1.16%	3%

注意，这里面存款总额发生变化很好理解，因为存款生息了，所以随着时间的变化，存款总额发生了变化，比较不好理解的是借款总额为什么会发生变化。假设在 T0 时，借款总额为 A，如果在 T1 时进行结算，则需要还回借款 A 和借款的利息。因此，由 T1 到 T2 进行结算时，借款总额就不是 T0 时的借款总额，而是增加了利息的 T1 时的借款总额了。

16.2.2　稳定币

稳定币是一个相对的概念，稳定指的是与某种法币或一篮子法币相比的价值稳定。在加密世界里同样需要一个价值稳定的一般等价物来充当交易媒介和价值尺度。稳定币的概念正是在这样的背景下被提出的。

在现实世界中，法币作为交易媒介和价值尺度是金融活动的基础。而在加密世界中，稳定币通过与法币进行 1∶1 的锚定被引入 DeFi 中，实现了加密货币的价值衡量、储备和流通。稳定币在一定程度上为 DeFi 提供了必要的流动性和稳定性。

据不完全统计，目前，市场上已宣布的稳定币项目数量已有数百，已公开且活跃的流

通稳定币至少也有几十种。稳定币项目有中心化的和去中心化的，中心化的稳定币项目使用中心化抵押品来维持与法定货币的挂钩，例如，与美元挂钩的稳定币发行的每 1 个单位都会有价值 1 美元的资产作为抵押，因为其是中心化的，所以并不属于 DeFi 的范畴。属于 DeFi 范畴的稳定币通常都是去中心化的稳定币。

总体来说，稳定币大致可以分为以下 3 类。

第一类是法定资产抵押类稳定币，如 USDT、TrueUSD、GUSD、PAX 等；第二类是算法银行 / 铸币税类稳定币，如 Basecoin、Reserve、CarbonMoney、Kowala、Fragments 等；第三类是数字资产抵押类稳定币，如 Bitshare、MakerDAO、Alchemint、XPA、DAI 等。

DAI

DAI 是早期且典型的去中心化稳定币，属于 DeFi 范畴，是数字资产抵押类稳定币。DAI 的铸造是通过"抵押债仓"（Collateralized Debt Position，CDP）来实现的。"抵押债仓"是一种运行在以太坊区块链上的智能合约管理的贷款方式，是 DAI 的核心组成部分。

希望获得 DAI 的用户可以将抵押品用智能合约的方式存入 CDP 从而获得 DAI。当抵押品的价值低于某个阈值时，就需要偿还 DAI，否则智能合约就会收回抵押品并拍卖给竞价最高者。图 16-1 展示了 DAI 的运行机制。

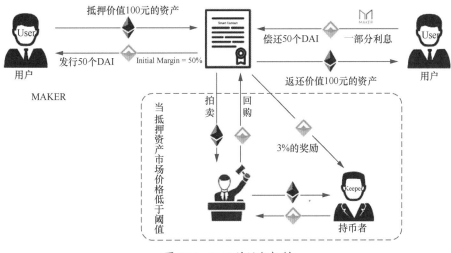

图 16-1　DAI 的运行机制

DAI 作为去中心化的稳定币，可以有多种用途。例如，人们用其购买商品或服务等。

16.2.3　去中心化交易所

去中心化交易所（简称 DEX）是一个基于区块链的交易所，它不将用户资产和个人数据存储在服务器上，而是交易直接发生在参与者（点对点）之间，这样可以降低因黑客攻击事件导致的资产损失风险。

去中心化交易所也可以分为 3 类，分别为订单簿式、储备库式、聚合器式的 DEX。订单簿式的 DEX 使用流程与中心化交易所类似。用户采用钱包登录方式，发出限价订单交易的同时也完成了交易。储备库式 DEX 的特点是对流动性依赖较小，最具代表性的项目是 Bancor、Uniswap 等。聚合器式 DEX 的特点是通过聚合其他 DEX、协议的深度，汇集多个 DEX 与自身资金流动池为用户提供最佳成交价格的交易服务。

Uniswap

传统的交易所以订单簿为基础，通过撮合引擎匹配达成交易。中心化交易所就是中介机构，买卖双方基于对中介机构的信任进行挂单买卖。而 Uniswap 是一个点对点的系统，表现为一种持久的、不可升级的智能合约，实现了一种不需要中介机构介入的、具备自动化做市商性质的去中心化交易所，用于在以太坊区块链上交换加密货币。

这里的自动化做市商是相对传统交易所的做市商而产生的新概念。传统的做市商是负责为交易所提供流动性，同时进行价格操作的实体。而自动化做市商使用算法"机器人"在交易市场中模拟一些价格从而为交易所提供流动性。自动化做市商有不同的类型，主要有恒定和做市商（CSMM）、恒定平均值做市商（CMMM）和高级混合恒定函数做市商（CFMM）这 3 种类型。其中，CFMM 是自动化做市商中最受欢迎的一类，它被应用于实现数字资产的去中心化交易。

Uniswap 运行机制的关键在于建立了流动池（锁定在智能合约中的数字货币资产），一般情况下是一个交易对，两种数字货币资产。

例如，有 A、B 两种数字资产。初始阶段，A 和 B 两种资产是等值存放在智能合约中的。流动性提供者将同比例的 A、B 两种资产添加到流动池，流动性提供者同时将获得做市凭证：LP Token。交易用户用资产 A 兑换资产 B 的过程为向流动池中添加 A 资产，使流动池中的 A 资产增多，同时流动池中的 B 资产会发送给用户，这样一来，因为 A 资产增多，B 资产减少，要保证流动池中的资产比值一定，则 A 资产的价值就会下降，B 资产的价值就会升高。如图 16-2 为 Uniswap 以 A、B 两种资产为交易对的整体模型。因此，自动化做市商的关键就在于如何给 A、B 的兑换提供一个汇率。

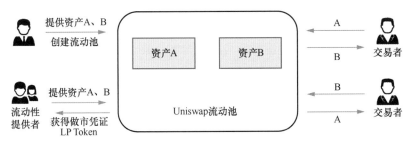

图 16-2　Uniswap 以 A、B 两种资产为交易对的整体模型

Uniswap 的汇率模型非常简洁，核心思想是一个恒定的乘积公式：

$$X \times Y = K$$

其中 X 和 Y 分别代表流动池中的两种数字资产的数量，K 是乘积。函数图像如图 16-3 所示。

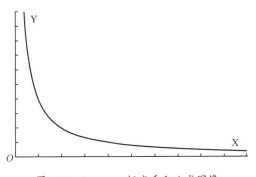

图 16-3　Uniswap 恒定乘积公式图像

假设乘积 K 是一个固定不变的常量，可以确定当用户使用 X 数字资产从流动池中兑换 Y 资产时，流动池中的 X 数字资产的数量会增加，Y 数字资产的数量会减少。

由此可以得出，当 X 被增大 p 时，需要将 Y 的值减少 q 才能保持等式的恒定。公式：

$$(X + p)(Y - q) = K$$

以 A/B 相当于（X/Y）交易对为例，假设 X 是 A 的储备量，数量为 100，Y 是 B 的储备量，数量为 700，则流动池的 K 值为 70000。

用户向流动池中发送 1 个 A（即 p 的值），A 的储备量就会增加，为了保证乘积 K 的

值为 70000 不变，则应该减少 B 的数量，计算公式就应该是

$$q = Y - \frac{K}{X + p}$$

给公式代入数值得到 q=6.93（约等的数据），这说明用户用 1 个 A 换出了 6.93 个 B。如果此时，有用户再次向流动池中发送 10 个 A（即 p 的值），Y 的值为 693.07，则将数值代入公式：

$$q = Y - \frac{K}{X + p}$$

$$q = 693.07 - \frac{70000}{101 + 10}$$

计算得到 q 的值为 62.44（约等的数据），这说明用户用 10 个 A 换出了 62.44 个 B。由此可以得出，用户在使用 A 购买 B 的过程中，由于 A 在流动池中的数量增加，使 B 的数量减少，价格升高，反之亦然。如果在 Uniswap 构建的流动池中 A 的价格高于市面价格，就会有人出售 A 购买 B，反之亦然。通过这种反馈调节机制，可以使交易对的兑换汇率总是趋近于市场的真实汇率。

在流动池中兑换资产的行为统称为增加流动性，当然以上情况我们并没有考虑到手续费。

在上述例子中，增加 1 个 A，换出 6.93 个 B，对于用户而言，用户期望用 10 个 A 换出 69.3 个 B，但是结果却换出了 62.44 个 B，实际得到结果和用户期望的结果出现了差值，这个差值就叫作交易滑点。

交易滑点的定义：用户在买卖时，实际支付的价格和期望交易的价格之间的差别。假设滑点为 H，实际支付的价格为 P_1，期望交易的价格为 P_2，则滑点公式为

$$H = P_1 - P_2$$

假设命题：流动池中有 x 个数字资产 A，y 个数字资产 B。用户希望投入流动池中 p 个 A 用来购买 q 个 B。

由假设命题可以得到本次购买的价格 $P_1 = \frac{p}{q}$；流动池中的价格 $P_2 = \frac{x}{y}$。

经公式推导可以得出 $H_B = \frac{p}{y}$，这表明交易量 p 越大，产生的滑点就越大，偏离实际价位就越大。

代入数字验证：初始状态，A 资产数量 x=101，B 资产数量 y=693.07。买入状态，A 资产增加数量 p=10，B 资产减少数量 62.44，即 q 的值。

$$P_2 = \frac{x}{y} = \frac{101}{693.07} = 0.146; \quad P_1 = \frac{p}{q} = \frac{10}{62.44} = 0.160$$

$$H_B = P_1 - P_2 = 0.160 - 0.146 = 0.014$$

$$H_B = \frac{p}{y} = \frac{10}{693.07} = 0.014$$

注：上述除式的结果都是约数。

增加手续费后，恒定乘积公式会发生一个小的变化，假设手续费为 r（r 的值设定为 0.3%），则恒定乘积公式变形为

$$(x + p)(Y - q) = K$$

$$(x + p(1 - r))(y - q) = K'$$

很显然，这里 $K > K'$。

$$q = y - \frac{K'}{x + p(1 - r)} \quad q = 693.07 - \frac{K'(69998)}{101 + 10(1 - 0.3\%)} = 62.29$$

$$P_2 = \frac{x}{y} = \frac{101}{693.07} = 0.146; \quad P_1 = \frac{p(1 - r)}{q} = \frac{9.97}{62.29} = 0.160$$

$$H_B = P_1 - P_2 = 0.160 - 0.146 = 0.014$$

$$H_B = \frac{p}{y} = \frac{10}{693.07} = 0.014$$

注：上述除式的结果都是约数。

Uniswap 中流动性提供者的收益很单一，也很好计算，主要来自交易抽成，Uniswap 会从每笔交易中抽取 0.3% 的手续费，并将手续费按流动性提供者占流动池的比例分配给流动性提供者。

关于风险，需要引出一个"无常损失"的概念。无常损失就是在用同样的价值为自动化做市商提供流动性和简单持有时，由于市场波动，产生了价格差。

自动化做市商中的资产相对价格恢复到其初始状态，则损失消失。但是这种情况较少，一般情况下会成为永久性损失。市场波动价格越大，无常损失越大。

例如，（在不考虑手续费的情况下，可以假设 A 资产是美元，B 资产是人民币）前提：Uniswap 的矿池价值比例都为 50/50，流动池中有 A 资产 100 个，B 资产 700 个，A：B = 1：7。

一名投资者在流动池中的资产占 10%，即 A 资产 10 个，B 资产 70 个。

初始状态：A 资产价格为 7，B 资产价格为 1，比例为 7：1。按恒定乘积公式，K 的值为 70000。投资者所拥有的资产价值为 $10 \times 7 + 70 \times 1 = 140$。流动矿池中的总资产价值为 $7x + y = 140$。

变化状态：当市场发生变化以后，A 资产的价格相对 B 资产下降，例如，A 资产的价格相对 B 资产变成了 6：1，则套利者就会进入流动池，将资产 A 存入，将资产 B 换出，流动池中的 A 资产和 B 资产的比例由 7：1 变为 6：1。

则可以得到：$x \times y = 70000$；$6x = y$。解方程，得：$x = 108.01$；$y = 648.09$。投资者目前所拥有的资产价值为 $(6x + y) \times 10\% = 129.61$。

计算得到无常损失：$140 - 129.61 = 10.39$。

因此，可以发现，因为投资者提供了流动性，资产价格波动以后，资产价值缩水。但是，在流动性中做市商可以收取手续费来弥补损失。然而，手续费是否能比无常损失的数值大还是个未知数。

Uniswap 版本目前已经迭代到 Uniswap v3。Uniswap v1 版本于 2018 年 11 月面世，我们可以将其看作是一个建立在以太坊上的去中心化数字货币交易所，在该交易所上的所有交易（资产互换）都由智能合约来执行且免信任。

Uniswap v2 版本于 2020 年 5 月面世，相较于 Uniswap v1 最主要的变化是在原先只支持 ERC-20/ETH 流动池的基础上增加了对 ERC-20/ERC-20 流动池的支持。

Uniswap v3 版本于 2021 年 5 月面世，相较于 Uniswap v2 最主要的变化是引入了集中流动性（Concentrated Liquidity）概念，实现了资本效率的最大化。

16.2.4　其他 DeFi 产品

DeFi 其他种类的产品中比较常见的有资产管理、衍生品以及预言机等。

1. 资产管理

这里以机枪池举例说明。

DeFi 机枪池会根据实时计算收益的高低，将资金切换至更高收益的 DeFi 项目中进行流动性计算，为投资者提供更高的收益，其本质上就是一种通过智能调度达到最优收益的策略。

用户可以先在一些资金池中存入资产，然后将其投资于流动性计算计划，最后再交换回原始资产。

2. 衍生品

衍生品主要有保险产品、合成资产、锁仓计算等。

日常生活中的保险是指通过中心化支付资金的方式来获得对未知风险的保障。同样，DeFi 衍生品中的保险产品也可提供相应的保险业务，但形式却是去中心化的。例如，采用风险共担模式的保险产品，它有一个风险共担池，这个池由社区持有特定资产的成员共同治理，理赔是否有效也由成员投票决定。

合成资产主要是对某种资产的模拟，就如把不同时期、不同球队的球员组织在一起，例如，把约翰逊、乔丹、伯德、邓肯、奥尼尔组成一支超强球队。合成资产可以把不同的股票、加密货币以及其他资产组合在一起。当前，合成资产的需求主要源于交易，商家通过模拟合成资产，可获得收益。

锁仓计算是指锁定资产。锁仓计算主要有 3 种收益方式。

（1）稳健方式：存入锁定资产，灵活或定期赎回，获取年化收益。

（2）白赚方式：存入锁定的主流资产，赎回锁定资产本身以及其他非主流资产，收益主要为非主流资产，这种方式在不考虑主流资产波动情况下是稳赚不赔的。

（3）边存边赚方式：存入非主流资产或一些波动较大的资产，赚取更多的非主流资产，这种方式存在较大风险，但有时收益率会非常高。

3. 预言机

预言机，可以简单理解为区块链外信息写入区块链内的机制。预言机会帮助区块链上有数据交互需求的智能合约收集链外数据，并将获取的数据进行验证后反馈回链上的智能合约。有了预言机，智能合约就可以和链外数据进行无障碍交流。目前，预言机主要有软件预言机、硬件预言机和共识预言机这 3 种类型。软件预言机主要从第三方网站或服务商获取数据，通常包括易于访问的在线信息源；硬件预言机广泛应用于物联网领域，主要负责如供应链数据等物理世界中的数据调用，通常表现形式为传感器和数据采集器；共识预言机也被称为去中心化预言机，该预言机传入区块链的数据是通过检索多个信息源，并根据它们的共识得出的相应结果。

在 DeFi 生态中，预言机是不可或缺的基础工具之一。DeFi 产品大多基于智能合约和交互协议搭建。智能合约运行在区块链上，允许在没有第三方的情况下进行可追踪、不可逆转的可信交易。但区块链网络是一个封闭的环境，无法直接访问链外信息。而部署在区块链网络的智能合约需要一定的数据源，才能触发程序。当智能合约的触发条件取决于区块链外信息时，就需要通过预言机来提供链外数据。因此，预言机可以说是 DeFi 的一个非常重要的驱动。涉及借贷、去中心化杠杆交易以及稳定币等应用场景的 DeFi 项目，都需要预言机在中间充当媒介。例如，去中心化交易所需要预言机调取全网某个资产的价格来给交易对定价；再如，稳定币需要预言机提供实时稳定币市价，来判断稳定币价格是否脱锚等。

16.3　实践：设计一个稳定币产品

在 Web 3 中，稳定币的使用场景将会越来越多。下面，我们讨论一个简单的以以太坊为抵押资产的稳定币，假设资产名称为 Web 3 Coin。

16.3.1　铸币的角色和行为

铸币参与者有两个角色，一个是铸币池，另一个是铸币工。铸币池是一个链上的智能合约，智能合约部署以后成为铸币的核心主体。铸币工是 Web 3 Coin 的直接铸造者。

铸币工的行为：铸币工将持有的以太坊抵押给铸币池，获得 Web 3 Coin 的贷款。任何以太坊的持有者都可以选择成为铸币工。铸币的核心是铸币工与铸币池之间的借贷行为。任何一次铸币行为由 3 个动作构成：铸币工向铸币池抵押以太坊，体现为铸币工向特定合约地址转账；从铸币池贷出 Web 3 Coin，体现为铸币池向铸币工的地址转账 Web 3 Coin；到期后铸币工还本付息，体现为铸币工向特定地址转账。

16.3.2　抵押借贷

贷款量和抵押品数量的关系通常表达为

$$Y = Y(X, C, T \mid K, R(C, T))$$

其中，Y 是铸币工从铸币池贷出的 Web 3 Coin 的数量。括号中竖线前的 3 个变量由铸币工自己指定。X 是铸币工抵押给铸币池的以太坊的数量。C 是铸币工自己指定的贷款类型，例如，有 3 个可能的值：1、2、3；$C = 1$ 代表活期贷款，还本付息时间由铸币工随时决定；$C = 2$ 代表活期贷款，还本付息时间由铸币池随时决定；$C = 3$ 代表定期贷款，还本付息时间距当下的时间差为 T。

铸币工指定 $C = 3$ 时，他需要指定 T 的值；T 值的集合可以为一个连续实数集，也可以为一个离散集，取决于铸币池的政策。竖线后的两个参数由铸币池决定，是铸币工决策的环境参数：K 是铸币池给出的抵押率（$0 < K < 1$），即从铸币池贷出来的 Web 3 Coin 市值与抵押到铸币池的以太坊的市值之比；$R(C, T)$ 是铸币池给出的年化贷款利率，是类型 C 和期限 T 的函数。注意，$R(C, T)$ 也可以是负数。

假定：$\tilde{P}_X$ 是以太坊的市价；P_Y 是 Web 3 Coin 的目标价（不是市价），即 1 美元，换言之，$P_Y = 1$。则借贷公式可以更加具体地表达为如下形式：

$$Y = K\frac{X\tilde{P}_X}{P_Y} = KX\tilde{P}_X$$

16.3.3　贷款到期

铸币工将 Web 3 Coin 的本息还给铸币池，则铸币池将铸币工抵押的以太坊还给铸币工，贷款了结。

如果抵押的比特币市值降低，以至于出现：

$$\frac{X\tilde{P}_X}{Y} \leqslant \frac{1}{K}$$

即左端的值到某个警戒线 $1/K$ 时，铸币池向铸币工发出警告，提示需要补仓（补充以太坊）或者归还部分 Web 3 Coin。

当以太坊市值持续降低，上述不等式左端的值满足以下条件：

$$\frac{X\tilde{P}_X}{Y} \leqslant \frac{1}{\overline{K}}$$

即左端的值到平仓线 $1/\overline{K}$ 时，则铸币池将铸币工抵押的以太坊（或其中一部分）按照市价拍卖，以 Web 3 Coin 结算，直到获得足够的 Web 3 Coin 代偿铸币工的本息；剩余的以太坊归还铸币工。

16.3.4　统计指标

以上描述了一次特定的 Web 3 Coin 的铸币事件。为了表述方便，将一次特定的 Web 3 Coin 的铸币事件标记为事件 i。

则 Web 3 Coin 迄今为止累计发行的数量由以下统计指标代表：

$$Y_1 = \sum_i Y(i|C=1)$$

$$Y_2 = \sum_i Y(i|C=2)$$

$$Y_3(T) = \sum_i Y(i|C=3, T)$$

其中，Y_1 是 Web 3 Coin 主动的活期贷款余额，Y_2 是铸币池主动的活期贷款余额，$Y_3(T)$ 为定期贷款的余额。

16.3.5　调节机制

调节机制指的是铸币池对 Web 3 Coin 铸币量的调节，目标是保持 Web 3 Coin 的市价 $\tilde{P}_Y$ 不要偏离其目标价 $P_Y = 1$ 太远。调剂的参数有两个：K 和 R。调节的依据是以下因素。

$\tilde{P}_X$：Web 3 Coin 的市价，注意它是一个变动的量。

M：Web 3 Coin 的贷款本息统计指标，即 $M = \{Y_1, Y_2, Y_3(T), y_1, y_1, y_3(T)\}$。

$K = K(\tilde{P}_X, M)$。

$R = R(\tilde{P}_X, M|C, T)$。

基本的逻辑：通过调节 K 和 R，使 Web 3 Coin 的铸币量变化，从而实现 $\tilde{P}_Y$ 回归其目标价 $P_Y = 1$。

最后，还需要提一下预言机，它用于外部信息的采集和输入，采集的外部信息有两个，一个是以太坊的市价 $\tilde{P}_X$，另一个是 Web 3 Coin 的市价 $\tilde{P}_Y$。

第 17 章　Web 3 中的生产要素——数据

公链和联盟链的发展势必会产生大量的链上数据，这些数据和区块链的关系有点像云计算和大数据的关系。纵观云计算的发展，2006～2009 年，云计算概念被提出，公有云和私有云的商业模式逐渐形成；2009～2011 年，世界级供应商都参与到了云计算的竞争中。2011～2016 年，云计算功能日趋完善，种类日趋多样，传统企业纷纷投入云计算服务中。2016 年至今，云计算进入成熟阶段。再看大数据的发展历史，在云计算的概念提出之前，大数据的发展还处于萌芽时期，用户主要研究的是与数据挖掘相关的技术。在云计算概念提出之后，2006～2009 年，大数据技术出现了并行计算和分布式系统。2010 年以后，由于移动互联网的发展和云计算的推动作用，数据碎片化、分布式、流媒体特征明显，数据量高速增长。2014～2015 年大数据呈现爆发式增长，2016 年之后大数据伴随着云计算进入成熟阶段。

而区块链概念的首次提出是在 2008 年，区块链技术发展至今虽已经过去了十多年，但从 2017 年开始各类与区块链相关的产品才呈现出百花齐放的景象，链上数据的数据量也是在近几年才开始急剧增长。链上数据与 Web 2.0 时代的数据最大的不同在于链上数据绝大多数都是结构化的，所以，链上数据的价值潜力很大。

17.1　Web 3 数据产品的商业机遇

当前的 Web 3 产品的数据基本上都是区块链的链上数据，这些数据绝大部分都是以交易和投资为目的产生的。不过，随着区块链技术以及 Web 3 应用的发展，数据量会越来越大，不同业务场景的数据融合会进一步扩大数据的规模和种类。

在 Web 3 中，用户会在区块链上产生更多的交互行为，这些行为的目的不再只是投资和交易，而是面向更多的应用场景。这些在区块链上交互所产生的数据真实地反映了用户的行为模式和用户与用户之间的关联关系。

Web 3 打破了数据垄断，降低了数据聚合，有效地连接了数据孤岛，降低了中心化数据的迁移成本。区块链以其可信任性、安全性和不可篡改性，可以解放更多数据，推进数据的海量增长。区块链的可追溯性使数据从采集、交易、流通到计算分析的每一步记录都可以留存在区块链上，这既让数据的质量获得前所未有的强信任背书，也保证了数据分析结果的正确性和数据挖掘的效果。这些优点使 Web 3 数据在很多领域都有比较好的落地场景和商业机遇。

在金融行业，Web 3 数据天然具备了监管的特性，这个特性方便人们对资金来源和资金流向进行全过程的监控。在 DeFi 巨大的市场空间里，交易者在链上实时数据反馈的作用下，可以快速、深入地研究链上关系和市场走势，从而快速决策。

在社交领域，Web 3 从数据层面重新定义了用户与用户以及用户与软硬件产品之间的交互逻辑，每个交互由行动、状态和连接这 3 类数据构成。商家利用这样的交互逻辑来连接 Web 3 的用户，从而构建了丰富的社交关系网络，并在社交关系网络的基础上建立用户与用户，用户与软硬件产品之间的关系图谱和可视化产品。

在市场营销和产品运营方面，Web 3 数据可以更加高效地为不同的商家实现用户"拉新""促活""留存"等目的；根据现有用户的历史行为和现有关系发现潜在的目标用户；用全域的用户数据和关系数据来做推广活动，可以实现更加精准和更低成本的运营活动。

在 AI（人工智能）方面，由于区块链的数据结构对许多人工智能模型用的算法是非常友好的，因此 AI 算法开发者能够用大量的数据和成熟的 Web 3 网络关系来训练 AI 算法。从数据分析和挖掘的角度来看，把大数据、AI 技术与链上数据相结合，会让区块链中的数据更有价值。

供应链行业可以运用链上数据来实现供应链全过程的追溯，提高供应链的透明度。

17.2　Web 3 数据产品的形态

Web 3 数据产品的形态可以分为 3 层，最底层是基础设施类产品，一般是由区块链节点服务商来实现，监测链上数据，为项目开发者提供基础设施开发工具套件；第二层是数据索引及查询类产品，主要方便用户对链上数据进行索引和查询，并同时为数据分析提供基础工具；顶层是数据分析及应用类产品，主要是对链上数据进行整合和分析，辅助用户决策。图 17-1 大致显示了 Web 3 数据产品的生态全景。

图 17-1　Web 3 数据产品的生态全景

17.2.1　基础设施类产品

基础设施类产品是直接服务于区块链节点的产品，因此这类产品一般是由区块链节点服务商来实现的。

基础设施类产品中比较有名的公司有 Infura、alchemy、QuickNode 等。

1. Infura

Infura 成立于 2016 年，最初与以太坊第一层主网和 Rinkeby、Goerli、Kovan、Ropsten 等测试网合作，为以太坊项目提供了一个简单而可靠的基础设施。

2. alchemy

alchemy 成立于 2016 年，它是一个区块链的扩展平台，开发者可以在该平台上安全地创建、测试和监控他们的 DApp（一种应用）。alchemy 提供可靠的网络连接和节点管理端点。alchemy 支持在以太坊主网以及 Rinkeby、Goerli、Kovan 和 Ropsten 等测试网上开发 DApp。

3. QuickNode

QuickNode 致力于构建 Web 3 的云平台，使开发者更轻松地开发区块链应用，对标云计算的产品市场。

17.2.2 数据索引及查询类产品

数据索引及查询类产品早期最常见的就是各类区块链浏览器，用户可以直接通过区块链浏览器提供的 Web 页面搜索链上信息，包括链的数据、区块的数据、交易数据、智能合约数据、地址数据等。数据索引及查询类产品后来逐渐发展成可以对外提供 API（Application Programming Interface，应用程序编程接口）和服务的产品。这类产品对数据进行解析和格式化，让原始数据变得更容易被访问和使用。在数据索引及查询类产品中比较有名的有 Covalent 和 The Graph 等。

1. Covalent

Covalent 提供了一个数据查询与索引服务的开发者平台，用户通过它可以快速地以 API 的形式调用数据，它使整个区块链网络的数据透明度和可见性更高了。

2. The Graph

The Graph 是一个去中心化的链上数据索引协议，用于索引和查询区块链的数据。The Graph 可以对 30 多个不同网络的数据进行索引，包括以太坊、NEAR、Arbitrum 等。

17.2.3 数据分析及应用类产品

数据分析及应用类产品一般是直接面向个人用户的。这类产品可以给用户提供他们所需要的数据结果。有些产品的增值功能可以辅助用户进行决策，帮助用户完成复杂的分析工作。由于区块链以及 Web 3 的发展，数据分析类产品逐渐应用在一些细分领域，例如，专门针对 DeFi 进行分析的 DefiLlama，专门针对 DAO 进行分析的 DeepDAO，针对个人资产数据分析的 DeBank 等。还有综合类的数据分析产品 Chainalysis、Footprint Analytics、Dune Analytics 等。

1. Chainalysis

Chainalysis 为客户提供交易分析功能，还能够有效识别用户的非法活动。

2. Footprint Analytics

Footprint Analytics 是一个图表型可视化的综合数据分析平台，主要用于分析 NFT、GameFi、Chain、DeFi、Token、Label 以及 Address 等数据。

3. Dune Analytics

Dune Analytics 将来自区块链的原始数据集成到 SQL 数据库中，方便用户进行查询。

17.3　Web 3 数据产品的发展方向

随着国内区块链技术的发展，行业应用的落地，Web 3 数据量的急剧增长，用户对 Web 3 数据产品提出了巨大需求。

2018 年 7 月，火币开始研发"占星"系统，2020 年 4 月发布。"占星"系统已经积累的链上数据超过 10 亿条，近几年来，在涉币诈骗、洗钱、传销等案件的破获中，它在数据分析、证据收集、资金追踪等方面提供了重要帮助。

Kingdata 是为数不多由国内团队开发的 Web 3 数据分析产品，汇集了 DAPP、NFT、巨鲸指数、市场规模等数据。

未来，Web 3 的数据类产品的核心功能将主要包括地址、交易、行情、项目、媒体等信息的查询、检索、分析等。以钱包为代表的应用终端产品服务个人用户，会以"微信""支付宝"模式建立 Web 3 的生态。

17.4　实践：以数据作为生产要素构建数据银行

随着数字经济的发展，数据作为新型生产要素的价值正越来越受到社会各界重视。

政府一直非常重视整个数据行业的建设和发展，2015 年提出了"国家大数据战略"，明确提出要加快大数据行业的建设和发展，促进数据资源共享和流通。随后又先后出台了一系列相关的政策和文件，为数据行业的发展提供了政策层面的支持和方向的指引。在行动上，政府加大了数据基础设施建设的力度，包括数据中心、数据交换平台、数据共享平台等，用以支持数据银行的建设和发展；加强了数据标准化工作，制定了一批国家级数据标准，推动数据资源共享和流通。

Web 3 的到来，让数据变得更加重要。首先，数据作为生产要素是一种资产；其次，在 Web 3 相关技术"护航"下的数据还有可信性、开放性、智能化、共享性、二次数据增值性、隐私保护性等多种特点。

17.4.1 数据银行概述

传统的银行被定义为一种金融机构，为资产服务。主要的业务是接受存款、提供贷款以及其他金融服务，如汇款、担保等。

类似于传统银行存储和管理货币，数据银行存储和管理的是数据。

在 Web 3 中，数据成为一种资产。那么对数据进行管理并带有金融属性的新生事物被称为数据银行。数据银行并不是一个机构，其主要业务和功能是数据收集、数据确权、数据存储、数据交易等。

数据银行通常由数据提供方、数据运营方、数据所有者以及数据消费者组成，用于收集、整理、存储和分析各种类型的数据，并将数据服务提供给数据消费者。

17.4.2 数据开放平台与数据银行

国内许多地方政府或非营利机构建设了面向不同地域或行业的数据开放平台，用于为公众和政府机构提供公共数据。数据开放平台可以说是数据银行的雏形。

数据银行是一个偏向商业化的平台，提供的数据更多，更丰富，有企业、机构或组织的数据以及个人的数据。通过数据银行，任何数据的所有者都可以将自己的数据资源共享出去，用于满足数据消费者的需要。

数据银行的发展得益于 Web 3 新兴技术的发展。区块链技术的赋能使得数据可以被加密和存储在区块链上，从而变成了一种资产。这意味着数据被赋予了金融属性，可以被确权、流通、交易。去中心化数据管理使得数据更具有可信度和稳定性。由于数据存储在分布式网络上，数据被篡改也变得更加困难。隐私计算和加密技术可以保护数据的隐私与安全。用户可以控制自己的数据，并确定哪些数据可以被访问和使用。智能合约可以对数据进行自动化的处理和管理，从而减少了人为干预和错误。

数据银行中的另一个重要内容就是链上数据。链上数据从早期只用来记录所有与区块链交易相关的数据，已经发展到可以记录更多的行为数据。在 Web 3 时代，数据是可信的、结构化的，可以被用来创建去中心化应用程序。

17.4.3 建立一个"城市数据银行"产品

城市数据银行的核心数据由本地政务数据、互联网数据、行业数据以及其他"数据银行"的共享数据构成，城市数据银行具备不断优化和自行运转的能力，可以按照设定策略高安全性、高实时地响应政务需求、产业需求和数据流转需求。

我们要设计一个"城市数据银行"产品，需要从数据获取、数据确权、数据存储、数据脱敏、数据分析、数据交易、数据应用等方面考虑，每一个方面都是"城市数据银行"的组成模块。综合而言，至少应该考虑以下 4 个方面的内容。

1. 确定数据的来源

一般来说，一个城市数据银行的数据来源包括：互联网数据、企业自有数据、政府自有数据、企业加工后的数据、政府加工后的数据等。当然，获取数据需要经过数据所有者的授权，而数据所有者在授权之前还需要完成数据的确权。

数据可分为结构化数据、半结构化数据和非结构化数据。

根据数据来源的形式，也可以将数据分为两种，一种是存量数据，另一种是增量数据。

2. 确定数据存储方式

数据的存储有中心化存储和去中心化存储两种方式。可以选择使用传统的关系型数据库，也可以使用新兴的 NoSQL 数据库或者是以 IPFS 协议为代表的去中心化的存储形式。数据存储的类型与数据的类型一致，也分为结构化数据、半结构化数据和非结构化数据。

3. 确定数据安全策略

数据安全是建立数据银行时必须考虑的因素之一，需要确定数据访问权限、数据备份和恢复策略等，同时还需要考虑数据的管理、维护和更新，确保数据的完整性和可用性。

4. 提供数据服务

城市数据银行对外提供的数据是脱敏之后的数据，或者是进行了隐私计算后的数据，这种加工后的数据一般是具有商业或辅助决策价值的数据。当数据完成资产化以后，则可以实现数据的交易，实行按需付费。

需要特别提出的是，在城市数据银行产品中，市民在互联网上产生的数据是一个重要的组成部分，每一个市民的互联网数据都将由市民授权后才可以被城市数据银行使用。因此，个人数据中心（Personal Data Center，PDC）的概念被提出。并且 PDC 也将是市民对自己在互联网上产生的数据进行授权的工具。

图 17-2 展示了一个城市数据银行产品的数据流程图，其包括 3 个过程。

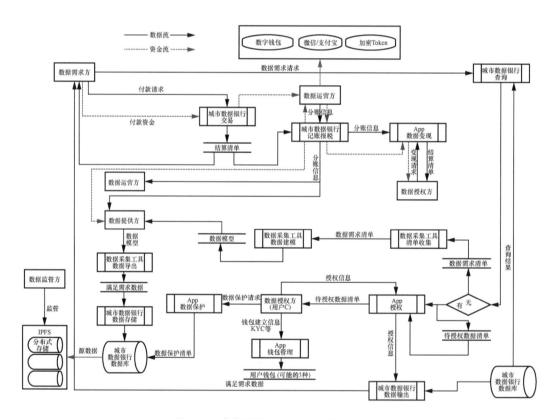

图 17-2　城市数据银行产品的数据流程图

第一个过程是缺失数据的采集：数据需求方向城市数据银行进行所需数据的查询，如果没有所需数据，则城市数据银行建立数据需求清单，通过数据采集工具收集数据需求清单并完成数据建模。将建好的数据模型发送给数据提供方，数据提供方通过数据模型将数据导入城市数据银行中，完成数据采集。

第二个过程是所需数据的授权过程：数据需求方向城市数据银行进行所需数据的查询，如果有所需数据，则可以通过一个 App 把授权信息和待授权数据清单发给数据授权方用来询问是否授权。数据授权方可以通过 App 来实现数据保护、钱包管理等操作，则数据需求方即可从城市数据银行中获取被授权的数据。

第三个过程涉及资金流：数据需求方通过城市数据银行的交易模块向数据运营方支付资金，数据运营方将通过城市数据银行的记账报税模块进行分布式记账和集中式分账，分账方包括数据运营方、数据授权方和数据提供方。整个过程结束后则完成了一次数据交易。

基于以上 3 个步骤，一个城市数据银行产品可以抽象出 3 个细分产品形式。一个是数据采集工具，另一个是用于数据确权和授权的 App，再一个是数据存储工具。

图 17-3 是一个数据采集工具的示意，数据提供方将根据用户的授权信息将数据导入城市数据银行并进行存储。

图 17-3　数据采集工具的示意

图 17-4 是一个 App 的示意，个人用户可以对数据进行确权、授权并完成数据资产化。

图 17-5 是数据存储工具的示意，存储方式是以 IPFS 协议构建的分布式存储。

图 17-4　一个 App 示意

个人数据 1MB/1G				立即上传数据
名称	时间	大小	文件识别ID	
微信IMG00.PNG	2022/01/01 18:00	3.8MB	weuifbwrihvnowrnvaiwurhowiqunfqojwiehufoiuwnjniVOIWPIK	删除
微信IMG00.PNG	2022/01/01 18:00	3.8MB	weuifbwrihvnowrnvaiwurhowiqunfqojwiehufoiuwnjniVOIWPIK	删除
微信IMG00.PNG	2022/01/01 18:00	3.8MB	weuifbwrihvnowrnvaiwurhowiqunfqojwiehufoiuwnjniVOIWPIK	删除
微信IMG00.PNG	2022/01/01 18:00	3.8MB	weuifbwrihvnowrnvaiwurhowiqunfqojwiehufoiuwnjniVOIWPIK	删除
微信IMG00.PNG	2022/01/01 18:00	3.8MB	weuifbwrihvnowrnvaiwurhowiqunfqojwiehufoiuwnjniVOIWPIK	删除
微信IMG00.PNG	2022/01/01 18:00	3.8MB	weuifbwrihvnowrnvaiwurhowiqunfqojwiehufoiuwnjniVOIWPIK	删除
微信IMG00.PNG	2022/01/01 18:00	3.8MB	weuifbwrihvnowrnvaiwurhowiqunfqojwiehufoiuwnjniVOIWPIK	删除
微信IMG00.PNG	2022/01/01 18:00	3.8MB	weuifbwrihvnowrnvaiwurhowiqunfqojwiehufoiuwnjniVOIWPIK	删除

‹　1　2　›

图 17-5　数据存储工具示意

城市数据银行产品关键功能时序图如图 17-6 所示，其中包含 3 个关键动作，分别是数据获取动作、数据确权动作以及数据展示动作。

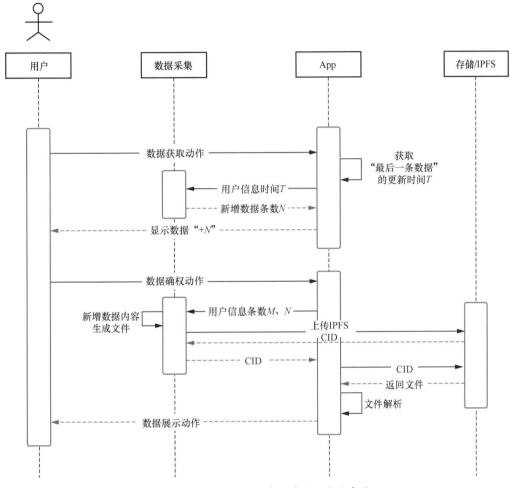

图 17-6　城市数据银行产品关键功能时序图

用户通过 App 发起数据获取动作，此时，记为时间 T，App 将用户基本信息以及数据获取的签约信息发送给数据采集工具。数据采集工具将 T 时间的数据条数计为 N，用户便得知在时间 T 内的数据量 N。用户再次发起数据获取动作时，会记录新的时间 T，并且将新增的数据条数计为 M。

数据确权动作则由 App 发起，在数据确权动作发起的时间点 T，将数据内容，不论是结构化数据、半结构化数据还是非结构化数据生成文件，然后将数据存储起来，例如存入 IPFS 中。IPFS 则返回对应的文件编号，将编号命名为 CID 并给 App。

数据展示动作由 App 发起，个人用户用 CID 在 IPFS 中索引文件，IPFS 将文件返回给 App，App 将文件解析并展示给用户。

第 18 章　Web 3 的组成细胞
——NFT

数据被确定为生产要素就面临着分配，生产要素的分配就会涉及交易，而数据交易的正常进行必须以明晰的数据产权为基础。

数据作为关键的生产要素是能够而且应该被确权的。NFT 恰好为数据确权提供了有效的方案。未来，随着 NFT 协议的不断完善，NFT 将会像生命体中的细胞一样，成为组成 Web 3 的细胞，并决定 Web 3 的未来。

18.1　NFT 概述

18.1.1　NFT 的含义

NFT 的英文全称是 non-fungible token，即非同质化代币，归属于数字货币，只要是数字货币，就具备数字货币的一般特点，例如，能够确权、能够转移、可以编程等。除了这些共性，每一个 NFT 都有自己专属的身份证号，具有不可替代、独一无二的特点。目前，NFT 基本上还都是在以太坊这条链上以智能合约的形式"发行"出来的。

经常能听到有人说图片、视频都是 NFT，这种说法是不准确的，图片和视频不是 NFT。因为 NFT 是非同质化的数字货币，非同质化的特征在于每一个 NFT 上所带有的信息不一样。图片与视频只是 NFT 所带有的两种信息，NFT 自然还可以带上其他种类的信息，如文字、音乐等。

NFT 所带有的信息存储在哪里呢？通常情况下，出于对成本和传输速度的考虑，NFT 带有的图片和视频等占据存储空间较大的信息并不会存储在区块链上，而是被存储在链外的某个地方。最简单的方法是存储在某个服务器上，这样存储的缺点就是数据可以被篡改、会丢失，比较可靠的方法是利用去中心化存储的方式存储数据，最典型的就是用 IPFS 存储，IPFS 作为一个 P2P 的文件存储框架，相当于把占据空间较大的数据存储到了另一个区块链上，并为这些数据的安全提供了足够的保证。

18.1.2　NFT 的发展

通常，当我们提到 NFT 时，都会说最早的 NFT 是 Dapper Labs 公司于 2017 年 11 月在以太坊上创建的 CryptoKitties，就是那些看起来很可爱的加密猫，每一只猫就是一个 NFT，如图 18-1 所示。

图 18-1　Dapper Labs 公司研发的加密猫

但是，业内的一些学者并不认为加密猫是最早的 NFT，他们提到了 CryptoPunks。CryptoPunks 的制作团队 Larva Labs 使用 ERC-20 标准在 2017 年 6 月铸造出了 1 万个 PUNK 代币，每一个代表一幅由人工智能生成的艺术图像，如图 18-2 所示。

关于 NFT 最早何时出现的说法还有很多，例如，有学者提出 2012 年的 Colored Coin，其由小面额的比特币组成，可以象征多种资产。

图 18-2　人工智能生成的艺术图像

因此我们只能说 CryptoKitties 是使用新的 NFT 技术标准的第一个项目。

随后，2018 ~ 2020 年出现了数百个 NFT 的项目，在 OpenSea 和 SuperRare 的推动下，NFT 的发展进入快车道。这期间出现的项目有：Decentralant、Enjin、Whale、Chilliz、Chromia 等。

进入 2021 年以后，也许是元宇宙的概念促进了 NFT 的发展。NFT 受关注度更大。例如，Axie Infinity 这款以 NFT 为核心的游戏单日收益率超过了王者荣耀。

2021 年 2 月，詹姆斯在 NBA Top Shot 平台上的灌篮 NFT 卡以 208000 美元的价格售出，如图 18-3 所示。

2021 年 3 月 11 日，佳士得拍卖 Beeple（Mike Winkelmann）名为《每一天：前 5000 天》的作品，最终以高达 69346250 美元的成交价创下了在世艺术家作品拍卖第三高价的纪录，成为数码艺术史上的里程碑。本次拍卖为拍卖行首次以 NFT 形式拍卖纯数码艺术作品，如图 18-4 所示。

2021 年 8 月，腾讯旗下 NFT 交易平台上限量版"十三邀"黑胶唱片 NFT 正式开售，该唱片是根据腾讯旗下的视频访谈节目《十三邀》开发的数字音频 NFT 收藏品，如图 18-5 所示。

2021 年 8 月 12 日，支付宝蚂蚁链粉丝粒平台上首次开启 NFT 数字艺术品交易，如青蛇劫起皮肤，如图 18-6 所示，之后陆续又开启了其他 NFT 数字艺术品的交易。

图 18-3　詹姆斯在 NBA Top Shot 平台上的灌篮 NFT

图 18-4　Beeple（Mike Winkelmann）《每一天：前 5000 天》

腾讯和支付宝推出数字藏品之后，国内许多厂商纷纷效仿，2022 年，国内生产"数字藏品"相关产品的企业已经超过一千家，但是很多生产"数字藏品"的公司因为监管和合规问题、二次交易受限等，主动或被动关闭。

图 18-5　《十三邀》数字藏品　　　图 18-6　蚂蚁链粉丝粒平台推出的青蛇劫起皮肤

2022 年 8 月，腾讯旗下数字藏品平台"幻核"发布关闭公告。

2022 年 11 月，网信办（国家互联网信息办公室）发布了"第十批境内区块链信息服务备案编号的公告"，532 个项目入选，其中"数字藏品"类项目占到了 70% 左右。

18.1.3　价值

提及 NFT 的价值，很多人都会迷惑。为什么一个虚拟的数字世界里的东西的价格那么贵？它到底有什么价值？

NFT 的价值同样来自大众的认可度，同时还体现在 NFT 本身在区块链上发行的成本、稀缺性、不可复制性等方面。

我们可以把 NFT 的价值拆分成使用价值（人与物）、交换价值（人与人）以及其他价值（物体自身）这 3 个维度，同时我们还可以将 NFT 分成数字原生的 NFT 和数字孪生的 NFT 两种类型。

所谓数字原生的 NFT，表示这个 NFT 天然就是一个数字产品，物理世界中并没有实体与其对应，例如，一个数字艺术家创作的一幅图片、一个音频等。

数字孪生的 NFT，表示这个 NFT 是物理世界中的某个实体在数字世界中的一个数字化的版本，例如，限量版的名牌包等。

作为数字原生的 NFT，以数字艺术品为例，在没有 NFT 之前，并不具有交换价值，因为数字艺术品并没有确权，可以随意复制；而 NFT 赋予了数字艺术品的交换价值，因为NFT 可以确权且数量一定，这是 NFT 在人与人之间产生的价值。

那么数字原生 NFT 的使用价值发生变化了吗？实际上是没有发生变化的，虽然没有NFT 的交换价值，但任何人都可以拥有 NFT 的使用价值，也就是说我虽然没有这件数字艺术品，但是并不妨碍我欣赏它。

作为数字孪生的 NFT，类似限量版的名牌包，是稀缺性商品价值扩张的工具。NFT 会大大提升其他价值（物体自身），包括文化、品牌、收藏等价值。

18.1.4　应用场景

NFT 与一般的数字货币有什么不同？谈论这个问题，就要谈应用场景。

游戏：NFT 最初的设计是用于游戏的，因此，游戏就成了其第一个应用场景。这是由于游戏中的道具、武器、服装以及其他一些物品使用 NFT 以后，在不同的游戏中很容易进行转移和使用。

数字艺术品：数字艺术品是紧接着游戏之后出现的应用场景，由于区块链技术能够确保 NFT 的签名唯一和数字版权易确定，数字艺术家也逐渐接受了 NFT，并开始创造基于NFT 的数字艺术品。这些数字艺术品可以是图形、音乐、视频、动画、游戏皮肤等。

元宇宙：元宇宙是现实世界的数字化，是一个平行于现实世界的虚拟世界，虽然元宇宙中的内容、服务、资产都是虚拟的，但是内容的创造与消费、服务的提供与接收、资产的买入与卖出却都是真实的，即元宇宙里的一切都是 NFT。

上述都是属于数字原生世界的应用场景，NFT 当然也可以突破数字原生，在数字孪生的世界里产生成熟的应用场景。

知识产权：NFT 可以代表一篇文章、一个专利、一幅画或者其他的独一无二的东西。其帮助这些东西进行知识产权登记。尤其可代表大型高值资产，如房产。

金融：在金融领域，一个 NFT 就可能是一张发票、一个订单、一张保险单等，增加了产品的可信度和流通性。当 NFT 与 Defi 结合以后，可能有各种不同的应用场景产生。例如 NFT 与借贷协议结合，与保险协议结合等。

18.1.5　技术分析

要充分理解 NFT，还要从技术层面进行分析，上文中提到的 NFT 绝大多数是在以太坊这条链上用智能合约的形式"发行"出来的。这里就不得不谈 3 个标准，分别是 ERC20、ERC721、ERC1155。

在以太坊上，不同类型的代币具有不同的技术标准，以使其交互能够正常工作。"ERC"的英文全称为"Ethereum Request for Comment"。最常见的 ERC 标准是 ERC20。ERC 的定义是仿照互联网的 RFC 而来的。RFC（Requests for Comments）是用于发布 Internet 标准和 Internet 其他正式出版物的一种网络文件。RFC 文档初创于 1969 年，Internet 协议族的文档部分（由 Internet 工程委员会 IETF 以及 IETF 下属的管理组 IESG 定义），也作为 RFC 文档出版。因此，RFC 在 Internet 相关标准中有着重要的地位。感兴趣的读者可以阅读 RFC 原文，从中了解 Internet 相关标准是如何建立起来的。

要充分了解 ERC 的 20、721 和 1155 标准，就要从代码层面去理解。

图 18-7 所示的是 ERC 20、ERC 721、ERC 1155 三个标准的数据结构，ERC20 标准实现的 Token 是同质化的，也就是说 Token 之间是完全等价的，也可以互换，没有价值区别。ERC721 标准实现的 Token 是独一无二的，每一个 Token 都拥有一个 Tokenid，不可以互换，有价值区别。ERC1155 标准可以理解为 ERC20 和 ERC721 的有效组合。

NFT 能通过元数据提供描述性的附加信息。这些附加信息可以在链上也可以在链下或者是在 IPFS 上。ERC721 标准中有一个 tokenURI 函数，我们用这个函数可以求证附加信息都存在了哪里。这个函数能返回一个 JSON 结构的数据字典。图 18-8 所示的是 ERC721 和 ERC1155 的 JSON 结构。ERC20 标准没有这个函数，也就不存在 JSON 结构。

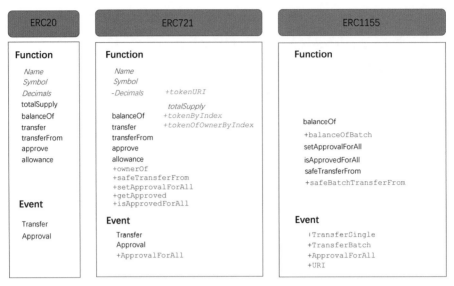

图 18-7　ERC20、ERC721、ERC1155 三个标准的数据结构

ERC721

```
{
    "title": "Asset Metadata",
    "type": "object",
    "properties": {
        "name": {
            "type": "string",
            "description": "Identifies the asset to which this NFT represents"
        },
        "description": {
            "type": "string",
            "description": "Describes the asset to which this NFT represents"
        },
        "image": {
            "type": "string",
            "description": "A URI pointing to a resource with mime type
image/* representing the asset to which this NFT represents. Consider
making any images at a width between 320 and 1080 pixels and aspect
ratio between 1.91:1 and 4:5 inclusive."
        }
    }
}
```

ERC1155

```
{
    "title": "Token Metadata",
    "type": "object",
    "properties": {
        "name": {
            "type": "string",
            "description": "Identifies the asset to which this token
represents", },
        "decimals": {
            "type": "integer",
            "description": "The number of decimal places that the
token amount should display - e.g. 18, means to divide the
token amount by 1000000000000000000 to get its user
representation.", },
        "description": {
            "type": "string",
            "description": "Describes the asset to which this token
represents", },
        "image": {
            "type": "string",
            "description": "A URI pointing to a resource with mime
type image/* representing the asset to which this token
represents. Consider making any images at a width between 320
and 1080 pixels and aspect ratio between 1.91:1 and 4:5
inclusive.", },
        "properties": {
            "type": "object",
            "description": "Arbitrary properties. Values may be
strings, numbers, object or arrays.",
        },
    }
}
```

图 18-8　ERC721 和 ERC1155 的 JSON 结构

　　图 18-9 所示的是 ERC20、ERC721 和 ERC1155 的主要区别，我们从转账的事件来看，ERC20 标准可以做到一次转移 N 个同类的 Token，ERC721 标准可以做到一次转移一个非同类的 Token，ERC1155 能够做到一次转移多个非同类的 Token。

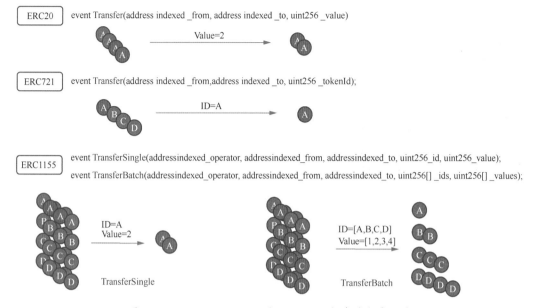

图 18-9　ERC20、ERC721 和 ERC1155 标准的主要区别

18.2　NFT 的多种玩法

NFT 凭借其自身的特点衍生出了许多种玩法，其中比较典型的有 8 种，分别是 NFT 艺术品、NFT 身份标识、NFT+ 数字孪生、NFT+ 线下体验、NFT 的碎片化、NFT 盲盒、NFT 游戏道具、NFT+DeFi。

1. NFT 艺术品

NFT 艺术品是 NFT 中最常见，也是最主流的一种玩法。数字艺术品与 NFT 建立对应关系后，具有了稀缺性。此外，NFT 艺术品还可以用来流转和交易等。

2. NFT 身份标识

因为 NFT 具有不可分割的特性，因此不同的 DAO 组织和社群会通过颁发 NFT 的形式来吸纳成员。而且不同的 NFT 属性还能够标识不同的身份。

例如，知名的 GameFi 游戏组织 YGG 在吸纳会员的时候会要求想入会的玩家注册一个 NFT 徽章，拥有徽章即代表是该组织的会员，图 18-10 为 YGG 游戏的 NFT 徽章。

图 18-10　YGG 游戏的 NFT 徽章

3. NFT+ 数字孪生

"NFT+ 数字孪生"是一种将现实世界中的物体与数字世界中的 NFT 进行映射的一种玩法。例如，2022 年武夷山地区发布的武夷岩茶数字孪生 NFT 藏品项目中，岩茶生产商为某款特定茶叶发行数字孪生版的数字藏品。一包茶包含两种形态，一种是实体茶叶，另一种是 NFT 数字藏品，一一对应。消费者购买茶叶后可获得与所购茶叶对应的 NFT 数字藏品。

4. NFT+ 线下体验

"NFT+ 线下体验"的表现形式是通过购买 NFT 获得一些线下的权益。例如，法国人 Bernard Planche 发现了一枚重达 1.265 公斤的巨型黑松露，他与 Venture Makers 合作，在 NFT 交易平台 OpenSea 上进行了 NFT 拍卖，希望黑松露以 NFT 形态存在，最终黑松露的 NFT 以 10694.92 美元的价格成交。拍卖的赢家不会得到实体黑松露，但将获得黑松露 NFT 的数字版权。

5. NFT 的碎片化

因为 NFT 具有不可分割性，所以有些单个用户无法购买价格昂贵的 NFT。基于此，商家就给昂贵的 NFT 发行多份"资产"，从而让更多的用户可以参与进来。

此外，还有一种碎片化的模式是，NFT 的价格并不昂贵，但是商家为了吸引用户参与，设定了一些规则，例如，用户可以通过"拉新"、做任务、推广等行为获得 NFT 的碎片。用户每收集满一定数量的 NFT 碎片即可生成一个完整的 NFT。

6. NFT 盲盒

因为不同的 NFT 在 NFT 盲盒中的稀缺度不同，这就会刺激更多的用户，希望能够用自己的"运气"以较低的价格来赢得一个稀有的 NFT 盲盒。

7. NFT 游戏道具

NFT 游戏道具在 GameFi 产品中是比较常见的表现形式。因为 GameFi 产品的特点，游戏道具一般情况下都是以 NFT 的形式存在的。

8. NFT+DeFi

NFT 和 DeFi 的结合，大多数时候是将 NFT 作为一种凭证。这种凭证用于体现 DeFi 项目中的流动性信息等。

除了上述的 8 种玩法，NFT 还有很多玩法，而且随着协议的逐渐完善，NFT 的玩法会更加多样化，会向音乐、视频等多种媒体的形式发展。

18.3 实践一：利用 NFT 构建数字孪生的电商

18.3.1 产品说明

随着区块链、NFT 等相关技术的成熟，数字孪生的电商网络将逐渐取代传统电商，进入公众视野，最终极有可能成为数字平行世界的基础设施之一。图 18-11 展示了实物收藏和数字收藏的对比。

图 18-11　实物收藏与数字收藏对比

18.3.2 产品设计

如图 18-12 所示，数字孪生的电商的产品由 5 个部分构成。

最底层由区块链、IPFS 和 Oracle 组成，用于实现 NFT 的发行、流转、存储、定价等。

图 18-12　数字孪生的电商的产品构成

NFT Engine 服务于商户，是商户完成实体商品 NFT 化的工具，商户可以利用 NFT

Engine 自行铸造 NFT。

PGC（Personal Goods Cell，用户商品单元）服务于用户，是数字孪生的电商构成中最核心的部分，将以 NFT 的形式安全存储用户购买的每一个商品的数字孪生的版本。每一个数字孪生的电商的用户，都将拥有一个 PGC。实体商品的 NFT 可能会存在于多个链上，PGC 也支持多个公链。

NFT Market 是数字孪生商品的零售市场。

NFT DEX 将是数字孪生的电商构建完成之后的衍生产品，是一个面向 NFT 的交易市场。

1. 对于商品

一些商品可通过数字孪生拥有 NFT 身份。

营销：商品的 NFT 将有助于品牌和销量的提升。

个性化：越来越多的年轻人希望自己使用或者购买的东西是稀有的，甚至是独一无二的，个性化商品通过数字孪生具有 NFT 身份后，更有收藏价值。

溯源：商品通过数字孪生具有 NFT 身份后，可溯源。

2. 对于用户

用户所拥有的商品能够在数字平行世界里被精准确权，永恒存储，使其具有流动性和可交易性。

3. 对于商户

每一个商户都能够完成对自己生产或者销售的商品的 NFT 的铸造、发行。

18.4　实践二：利用 NFT 构建影视元宇宙

18.4.1　影视行业 NFT 的发展

在 Web 2.0 时代，众多流媒体音视频平台如雨后春笋般涌现，数字音视频迎来了发展的高潮。随着各大平台争抢头部作品、争抢独家授权，逐渐形成了大平台的垄断局面。影视版权成为红海，影视投资、影视创作、影视的资产化以及商业化等方面所存在的问题及痛点突出。

例如，影视 IP 创作激励难实现，影视 IP 创作是个漫长且复杂的过程，需要消耗创作者大量精力和时间。在传统影视行业产业链中，IP 创作者往往处于弱势地位，很难得到充分的回报；影视行业投资门槛高。在影视的引用方面，创作者对什么是侵权行为不太了解。例如在视频方面，使用已上映电影片段作为素材，使用其他人已发布的短视频；音频方面，使用短视频平台提供的配乐、已付费下载的音乐用在视频配乐中，这些都属于侵权。

影视行业的发展缺少新的发力点，已经严重掣肘影视行业健康有序的发展。影视行业的版权保护问题、创作激励及收益问题、投资问题、资产化和商业化问题所带来的痛点和难点亟待解决。

基于 Web 3 提供的区块链技术及 DAO 组织的特点，影视行业有机会进入一个全新的良性的发展阶段。影视作品以及相关的音视频能够被赋予新的版权，能够数字孪生成为 NFT。每个人通过付费可将影视作品以及相关的音视频变成个人的数字资产。

同时，在 Web 3 时代，元宇宙应用场景的出现为影视行业又点了一把火。目前，许多行业都在探索如何用元宇宙的概念和技术来为本行业创造更好的商业模式和用户体验。宏观上来看，元宇宙是一个虚拟的、多维的、多人共享的、人类和机器大规模协同的数字世界，被誉为下一代互联网的发展方向。在不同行业和领域，元宇宙却有不同的定义。例如，游戏行业是最早应用元宇宙的行业之一，玩家可以在游戏的虚拟世界中自由探索、互动、交流。

最值得一提的是能够将 Web 3 的技术充分应用其中的影视元宇宙，而构建影视元宇宙的关键要素是影视 NFT。

在影视行业的投融资方面，2021 年 7 月 14 日，《无尽的花园》电影项目融到了 1035.96 个 ETH（约合 197 万美元）。这部电影的所有制片人的名字都会出现在《无尽的花园》的 NFT 海报中。

在影视创作艺术品拍卖方面，2021 年 10 月 9 日，王家卫的电影 NFT 作品《花样年华——一刹那》在苏富比拍卖行秋季拍卖会上，以 428.5 万港元成交，成交价高于预期的 300 万港元。

在影视行业周边产品方面，中国首款影视 NFT 作品——《青苔花开》融合了影视与

NFT 创意及权益，如图 18-13 所示。作品表现形式为 NFT 数字创意产品、IP 纪念版手办及提前观影权益等。

Web 3 时代，与影视及音视频有关的产品将向数字版权和数字资产一体化融合的方向迈进，呈现出百花齐放的特点。

图 18-13　中国首款影视 NFT 产品

18.4.2　建立 Web 3 下的影视 NFT 产品

影视 NFT 指的是影视作品中的一种基于区块链技术的数字资产。在影视行业中，NFT 可以用来代表一部电影、一集电视剧、一幅电影海报或者是一个视频片段等。

影视 NFT 可以用来证明数字作品的所有权、真实性和稀缺性，从而增加其收藏价值。对于影视制作公司来说，影视 NFT 还可以作为一种新的资金筹集方式，通过拍卖或出售影视 NFT 来获得资金。

影视 NFT 产品的架构可分为 6 个层次，如图 18-14 所示。

1. 基础能力层

基础能力层主要以“链”+“云”的解决方案来实现。例如，影视 NFT 产品的区块链需要是大容量、可拓展的开放联盟链，能够实现授权、认证、计费。

2. 基础服务层

基础服务层主要实现数据存管服务、定价计费服务、消息通信服务、支付服务。其中支付服务在传统电子支付的基础上，未来将与数字人民币实现互联。

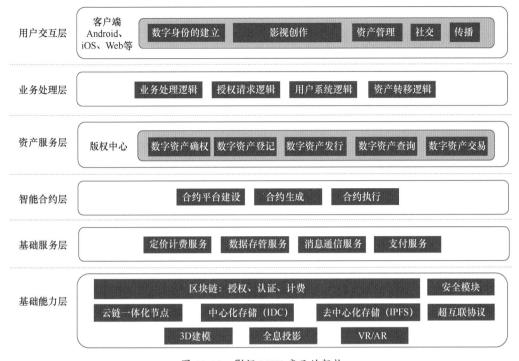

图 18-14 影视 NFT 产品的架构

3. 智能合约层

智能合约层是完成影视 NFT 项目的引擎，智能合约层主要完成整个项目的合约平台建设、合约生成以及合约执行。

4. 资产服务层

资产服务层主要完成基于数字资产的确权、登记、发行、查询等功能，并与智能合约层一起完成数字资产的交易。

5. 业务处理层

业务层主要包含业务处理逻辑、授权请求逻辑、资产转移逻辑、用户系统逻辑。业务处理以及授权请求的相关逻辑包括业务请求、业务授权、数据流转、数据存证等不同流程的定义和处理；资产转移逻辑为交易支付、利润分配以及结算的处理；用户系统逻辑包括用户类型、用户权限管理等。

6. 用户交互层

用户交互层主要是客户端应用，包括 iOS、Android 及 Web 平台的应用。主要功能有数字身份的建立、影视创作、资产管理、社交以及传播。用户交互层未来还将包括监管大屏以及区块链浏览器等展示工具。

影视 NFT 产品"赋能"影视行业的形式如下。

人们对影视城、拍摄现场、影视道具等物理实体以及相关已有的音视频进行数字孪生，转化为 NFT 并形成新的版权，对于新的版权，在"版权中心"进行存证、确权、登记实现资产化，进而实现商业化；对于数字孪生的影视城进行线上影视城建设，完成影视元宇宙产品，影视元宇宙产品服务于个人用户，用户能够在线上以"第一视角"的 3D 形式参观影视城或以其他方式与其互动。

基于现有的影视作品、音视频的周边，形成新型的影视道具，并将影视道具与 NFT 结合，形成物理实体和 NFT 结合的数字艺术品，从而实现商业化。

第 19 章　Web 3 的游戏 ——GameFi

GameFi 曾经在 2021 年被国外媒体评为十二大科技热词之一，一时间，Web 3 的从业者蜂拥而上，都希望从 GameFi 中分一杯羹。2022 年，GameFi 的热度逐渐消退，随后又产生了 SocialFi、DeviceFi 等各种概念，但是，万变不离其宗，所有的这些概念都与加密货币密切相关。

19.1　GameFi 概述

GameFi 的英文全称是 GameFinance，这个名字源于 MixMarver 的首席战略官 Mary Ma 在 2019 年年底的乌镇互联网大会上提出的"游戏化商业"的概念。后来，一些 Web 3 的从业者将 DeFi 的概念加以扩展，给发展放缓的 DeFi 增加了游戏属性，从而形成了 GameFi。GameFi 直译就是游戏金融。也正因为 GameFi 是 DeFi 的扩展，这里说的游戏中天然就包含了金融属性。准确地说 GameFi 是在区块链上用游戏的手段来实现金融目的的产品。所以，GameFi 的属性仍然是金融，游戏只是一种实现手段。

GameFi 的特点是游戏的操作过程是在区块链上完成的，通过智能合约来实现规则的可靠性、NFT 实现游戏资产的数字化、DeFi 让游戏资产具有更多的价值空间。GameFi 改变了部分传统游戏的运营模式，开辟了一种更加公平、公开、透明、安全的运营模式。也有人将 GameFi 称为链游，严格来说是不准确的。GameFi 强调的是如何用游戏手段来实现金融目的，链游的性质则更偏重游戏而不是金融。不过，在实际中，这两个概念已经趋同了。

GameFi 的分类则与传统网络游戏稍有不同。传统网络游戏是玩家通过网络连接在虚拟环境下对人物角色以及场景按照一定的规则进行操作以达到娱乐和互动的目的。传统网络游戏一般归为 3 种。第一种是 ACT（Action Game，动作类游戏），玩家通过操作游戏角色或者制定策略来游戏，例如，《王者荣耀》《和平精英》以及早期的《魔兽世界》等；第二种是 RPG（Role-Playing Game，角色扮演类游戏），玩家扮演某一角色，通过任务的执行，使角色提升等级，得到宝物等，例如，《大话西游》《传奇》等；第三种是休闲类的游戏，例如，棋牌类、卡牌类以及养宠物类的游戏。在现阶段，由于区块链技术的特点以及目前 GameFi 制作方研发能力的局限性，创造出高质量的即时性游戏还比较困难，所以 GameFi 类游戏绝大多数都属于延时性游戏。按延时性给游戏分类，可以分为养成类，主要以培育、繁殖、交易、战斗为主要功能；模拟经营类，主要以经营管理农场、公司为主要功能；卡牌类，主要以收集、组合对战为主要功能。

19.2　GameFi 的发展历程

GameFi 是一个非常新的概念，发展历程也非常短。我们可以先来看一组数据。

如图 19-1 所示，截至 2022 年 10 月，GameFi 产品运行在 42 个区块链网络上，总的游戏种类已经超过 2000 种，其中以太坊区块链上运行的游戏最多。

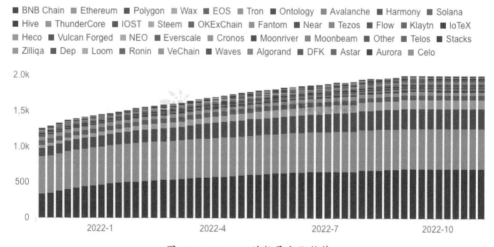

图 19-1　GameFi 的数量变化趋势

如图 19-2 所示，GameFi 的用户数以以太坊区块链上为最多，GameFi 日活跃用户数变化趋势如图 19-2 所示。

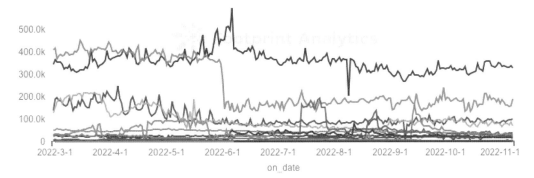

图 19-2　GameFi 日活跃用户数变化趋势

图 19-3 所示为 GameFi 的用户总量变化趋势，截至 2022 年 11 月，用户总量已经超过了一千八百七十万。

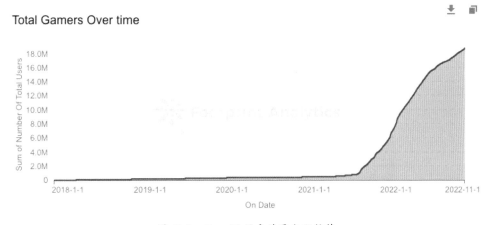

图 19-3　GameFi 用户总量变化趋势

GameFi 的发展变化较快，可以将其划分为 3 个阶段。

第一个阶段是萌芽探索阶段。

这个阶段区块链游戏的属性还是以游戏性为主的，游戏设计者将游戏的金融属性放在了第二位。游戏玩家关注的并不是如何去赚钱，关注的是自己在游戏中的资产和游戏的可玩性。

这一阶段里，最典型的例子就是 2017 年 11 月上线的被称为世界首款区块链游戏的 CryptoKitties，这个游戏中的加密猫最初为区块链技术从业者在枯燥的数字中提供了一点娱乐空间。其官网上的介绍称："CryptoKitties 不是数字货币，但它能提供和数字货币同样的安全保障，每一只猫都是独一无二的，而且 100% 归你所有。它无法被复制、拿走或销毁。"也正是因为这样的属性，CryptoKitties 上线几个小时后，贡献了以太坊 30% 以上的交易量，导致以太坊网络拥堵。

在这里我们不得不提及 20 世纪 90 年代的一个养成类的游戏产品："电子宠物"，如图 19-4 所示。用户购买这样一个游戏机就相当于购买了一个"电子宠物"，在这个游戏机上可以与"电子宠物"互动，包括"喂食"、娱乐等。这个游戏机的操作界面简单，功能单一，这个游戏机永远属于购买它的用户。后来，由于技术不断地发展，"电子宠物"类的游戏也逐渐从单机转移到互联网上，例如，2018 年风靡一时的"旅行青蛙"。但运行在互联网上的"电子宠物"会因为互联网服务提供方的各种问题存在被复制、转移或销毁的可能。CryptoKitties 之所以能吸引用户，也正如其官网上宣称的那样。不过最初人们选择购买一只加密猫的第一诉求就像是购买 20 世纪 90 年代的一个"电子宠物"游戏机那样，因其能够被永久拥有，且随着越来越多的人参与并形成共识，其价值也就提升了。

图 19-4　养成类"电子宠物"游戏机

第二个阶段是 DeFi 的延伸阶段，有人称之为 GameFi 的 1.0 阶段。

这个阶段开始于 2019 年年底，当时，非常多的 DeFi 项目缺乏创新的模式，增量放缓。于是，DeFi 项目的从业者想出了一些办法，其中最有效的办法就是让这些项目更具有游戏性，但依然以金融属性为主。恰巧在这个时间点上，GameFi 的概念被相关人士提出。GameFi 的项目是用类似游戏的方式把奖励分配给用户。

此一阶段较好的项目是基于 NFT 的卡牌对战、策略和养成类游戏，如 Axie、Splinterlands 和 DeFi Kingdoms。

特别要说明的是，2021 年 12 月上线公测版，2022 年 3 月日活用户就超过 3 万人的项目 STEPN，又称"跑鞋"。虽然 STEPN 项目的经济模型与 Axie 非常相似，但其游戏性和互动性大大增加了。

不过 DeFi 延伸阶段的 GameFi 产品的特点就是用新用户的资金去奖励老用户，它的经济模型基本上就是在早期盈利非常明显，但玩家人数多了之后这类产品就开始走下坡路。我们可以从图 19-5 中用户数排名靠前的 GameFi 产品中看出趋势。

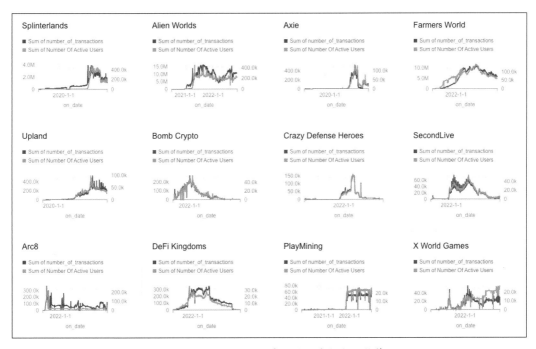

图 19-5　不同 GameFi 产品的用户数变化趋势

这个阶段的 GameFi 产品可以满足用户的一些基本诉求。例如，游戏中的道具、角色、装备等都以 NFT 的形态出现，游戏中的 NFT 是保值的；去中心化的游戏带给用户"玩家真正拥有了游戏"的体验，不会被商家任意封禁等。

第三个阶段是具有特色的区块链游戏阶段，这个阶段被称为 GameFi 2.0 阶段。这个阶段项目的特点是，游戏经济模型稳定，可玩性和娱乐性强；实时性游戏和操作性游戏占主要地位。大量的游戏带给用户"好玩""有价值"的体验。在这个阶段中 GameFi 不仅能够使用户的游戏资产实现确权和保值，还给用户带来了经济效益。

如 Bomb Crypto 游戏项目，参与此游戏的用户通过购买炸弹英雄，在地图中"炸"宝箱来获得收益；购买英雄可以一次购买多个，有机会获得品质不同的英雄。游戏的操作界面有购买英雄界面，如图 19-6 所示；炸宝箱界面，如图 19-7 所示；英雄池界面，如图 19-8 所示；英雄升级界面，如图 19-9 所示。

图 19-6　购买英雄界面

图 19-7　炸宝箱界面

图 19-8　英雄池界面

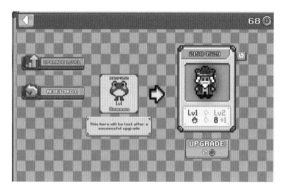

图 19-9　英雄升级界面

19.3　GameFi 重构游戏经济

GameFi 出现之前，人们玩游戏是为了获得愉悦，因此愿意为之付费；GameFi 出现之后，人们玩游戏依然是为了获得愉悦，但在获得愉悦的同时，还能够获得收益，这个收益有资金收益等。因此，经济模型是 GameFi 的灵魂。GameFi 的出现重构了游戏经济，用户从花钱玩游戏到玩游戏赚钱，创造出了 P2E 模式（Play-To-Earn），如图 19-10 所示。

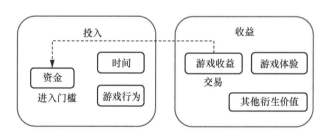

图 19-10　P2E 模式示意图

我们以 2021 年 12 月在 Solona 链上上线的 STEPN 游戏项目为例，来分析游戏的经济模型。STEPN 游戏项目采用了双 Token 模型。一个 Token 是 GMT，另一个 Token 是 GST。GMT 用来治理 Token，与游戏关系不大，其发行总量一定。GST 为游戏 Token，游戏中的各种行为需要消耗 GST，GST 的总量是无限的，可以理解为一种积分。游戏的主体道具是跑鞋，游戏的主角穿上跑鞋进行跑步可以获得 GST，而跑鞋的升级、维修则需要消耗 GST。图 19-11 展示了 STEPN 的经济模型的闭环过程。

在这个闭环过程中，跑鞋是以 NFT 的形式存在的，用户进入游戏的门槛是购买一双跑鞋，即购买一个 NFT。

用户通过运动获得 GST，GST 用于升级、维修鞋等，多余的 GST 可以在二级市场上售卖以便赚取收益。未来，游戏还会设置跑鞋租赁模式等其他玩法，其目的在于平衡 GST 的收支，以使整个游戏的生命周期能够更加长久。不过，可以想到，当跑鞋的价格足够高时，新用户入场的动力就会减少，GST 就会处于净流出状态。

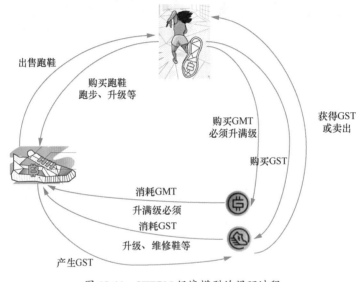

图 19-11　STEPN 经济模型的闭环过程

19.4　GameFi 的生命周期和未来发展

游戏的生命周期可长可短，取决于游戏的体验和用户参与程度。例如《王者荣耀》已经存在了 7 年之久，仍然有上千万的用户在玩。《神庙逃亡》曾经一度有上亿用户，如今已经没有人再去玩了。传统游戏的生命周期结束以用户基本归零为标准，而 GameFi 游戏的生命周期大多都是以经济模型的崩盘而宣告结束。

衡量一个 GameFi 游戏，则主要看 3 个方面，用户数、人均交易数、人均交易量。

如果要让 GameFi 游戏的生命周期足够长，我们在游戏设计时就要注意以下几个方面。

1. 游戏体验和游戏的可玩性

好的游戏体验和较高的游戏可玩性能够使用户愉悦。目前大多数的 GameFi 游戏，都是以"金融"为目的，丧失了游戏体验和可玩性。因此，商家在获得一定的收益后，用户会逐渐流失。为了能够让游戏体验更好，游戏更具有可玩性，我们在设计游戏时可以尽量去设计即时性游戏而不是延时性游戏。即时性和延时性的区别主要在于交互体验是不是实时的。例如，即时性的游戏，如对战类的游戏偏操作，对开发者和玩家的要求都相对高一些，算是竞技类的游戏，玩家更追求胜负和排名。延时性游戏，如纯养成的游戏会偏休闲一些，这种游戏在制作上会偏内容层面多一点，主要以数值成长和收集体验为主。

2. 经济模型的合理性

经济模型的崩盘就是游戏生命周期的结束。因此，我们在设计游戏的经济模型时，要尽可能地让玩游戏的用户获得的收益能够多一些。这是一件说起来容易，却在考验着整个 GameFi 领域的难事。

3. 公链的用户数、成本、性能以及易操作性

游戏操作较频繁，因此把游戏放到链上时开发者要选择链上用户多、交易成本低、生态工具丰富的公链。

4. 玩家进入的门槛

玩家进入 GameFi 游戏的门槛在现阶段几乎成了阻碍 GameFi 发展的最大因素。这些门槛主要表现在几个方面：用户要获得游戏 Token、游戏道具 NFT，还要会使用钱包。

19.5 实践：设计一款 GameFi 游戏

图 19-12 展示了一个 GameFi 游戏的设计组成。设计一个 GameFi 游戏可以分成以下 5 个步骤。

1. GameFi 游戏的策划

与传统游戏项目的策划相同，GameFi 游戏的策划包括对市场的数据收集、分析，确定游戏类型并编写游戏剧本。

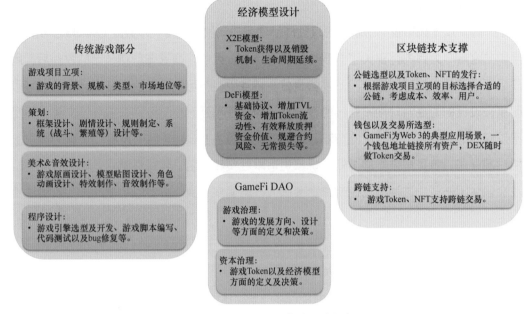

图 19-12　GameFi 游戏的设计组成

2. GameFi 游戏的制作

策划完成之后，游戏制作人就会依照剧本开始制作游戏，设计游戏的玩法框架、剧情、规则以及各子系统的关联关系等；美术设计师和音效设计师分别开始设计原画、模型贴图、角色动画、音乐等；程序开发工程师开始编写游戏的代码。

以上都还是传统游戏的制作过程，在 GameFi 游戏的制作过程中，游戏制作人、音效设计师、美术设计师以及程序开发工程师应充分理解 GameFi 游戏的特点，其中一个特点是用户需要用一个区块链钱包作为 ID 去解锁游戏账号。

3. GameFi 游戏的经济模型的设计

经济模型是 GameFi 游戏的灵魂，一个良好的经济模型不仅能够让一个 GameFi 游戏获得更多的用户，而且能够让其生命周期变得更长。就目前来看，整个 GameFi 领域还没有非常完美的经济模型。GameFi 经济模型的设计分为 X to Earn 和 DeFi。X to Earn 的设计需要平衡 Token 的获得与销毁机制并且要充分考虑 Token 的生命周期；DeFi 的设计则更看重基础协议、Token 流动性、规避合约风险等。

4. GameFi DAO 的建立和治理

GameFi DAO 是完成游戏和资本治理两项工作的重要方式。在游戏治理方面，GameFi DAO 会左右游戏的发展方向、设计风格等。在资本治理方面 GameFi DAO 会决定经济模型制定、Token 流动决策等。

5. GameFi 游戏的持续运营

我们在决定做一款 GameFi 游戏之前要想好市场推广方案，是通过广告推广还是通过游戏本身的可玩性吸引用户？

第 20 章 Web 3 中的组织形式 ——DAO

区块链技术的发展，Web 3 产品的实现将有望推动人与机器进行大规模的协作。也正是因为有了区块链技术，DAO 的概念才被正式提出并进入发展的快车道。

20.1 DAO 概述

DAO 的英文全称是 Decentralized Autonomous Organization，可以翻译成为去中心化自治组织，DAO 是一种摆脱传统自上而下的等级化管理模式，完全自主运行的组织形式。这种形式的组织在人类社会发展初期就存在。例如，具有共同目标的一群人将资源聚集在一起，同意共同承担风险、设定共识的奖励方式，并享受共同行动在未来带来的收益。人们依靠这种方式，从来没有见过面的个体之间可以实现大规模合作和激励。在近现代的科技领域，开源社区是这种组织形式的典型代表。开发者因为某一个软件产品而聚集起来，他们并没有自上而下的等级化的管理，也没有严格的约束关系，完全凭借目标与共识进行合作。只是在区块链技术出现以后，个人的贡献可以被量化并得到激励，这样的组织形式才逐渐被定义为 DAO。

2013 年，比特股的创始人 Dan Larimer 在对外解释比特股的机制时，提出了 DAC（Decentralized Autonomous Corporation，去中心化自治公司）的概念，主要的观点是 DAC 应该支付分红。也就是说，DAC 中应该有股份的概念，这些股份可以通过某种方式购买和交易，并且股份所有者有权基于 DAC 的成功享受持续的收入。后来，以太坊创始人 Vitalik Buterin 将 DAC 的概念引申，在以太坊基金会中使用了 DAO 这个概念，他将 DAO 定义为 "一个生活在网络且独立存在的实体，但也严重依赖于人来执行它本身无法完成的某些任务"，并且认为 DAC 是 DAO 的子集。DAO 不仅以营利为目的，还包括其他价值的增值。

在区块链技术出现之前，DAO 的发展并不理想，因为 DAO 成员缺乏基本的约束和足够的动力，DAO 的目标实现缓慢且困难。因此，DAO 发展的核心是解决两个问题，一个是公平可信的激励机制的设定，另一个是高效好用的治理工具的实现。

随着人们对 DAO 理解程度的逐渐深入、治理工具的逐渐发展、激励机制的逐渐成熟，DAO 已经从最初的 DeFi 项目治理扩展到各行各业中。

20.2　传统组织和 DAO

例如，公司这类的传统组织，员工都是用合同来定义他们与公司之间的关系的。员工的权利和义务受到合同规定的条款约束，并且受到法律制度的保护。如果出现任何问题，比如有一方没有履行合同中规定的条款，则另一方可以凭借合同在法庭上提起诉讼。公司具有严格的层级管理制度，如图 20-1 所示，一般公司自上而下都会分为 CEO、高级管理、中级管理、初级管理、基层管理以及普通员工几个层级。

图 20-1　一般公司的管理层级

DAO 与公司不同，它为不同的人和机构提供了一个全新而有效的治理结构，避免公司或其他大型组织集中式管理的弊端。DAO 可以衡量每个成员的贡献程度，并根据这个贡献程度分配相应的奖励，提高了有效用户之间的合作，实现了工作效率的提升和大规模的协同决策。

DAO 成员可能生活在不同的地域，说不同的语言，受不同的法律管辖，他们之间可能并不信任。DAO 成员不受法律实体约束，也没有签订任何正式的法律合同，但是会贡献自身的力量来完成 DAO 的共同目标。

DAO 成员会依靠 Token 激励的驱动和开源协议来保证 DAO 的正常运行，DAO 中的所有协议都不是管理成员关系的法律合同，而是以开源代码形式存在的智能合约，由共识形成。DAO 决策的主要方式是通过提案来进行的，投票权来自 Token 的所有权。

DAO 可以被看成一个分布式的数字部落，在数字世界里自主存在，但也严重依赖专业个人或较小的组织来执行某些无法被自动化取代的任务。除了代码外，DAO 没有分层结构。一旦部署，就会进入一种自我生长、自我运行的模式。在审查方面，DAO 也不由单个成员审查，而是由组织中预先定义的大多数参与者共同审查。DAO 是开源的，因此是透明的，理论上是不可损坏的。DAO 的所有交易都记录和维护在区块链上。图 20-2 展示了 DAO 中不同角色之间的关系。

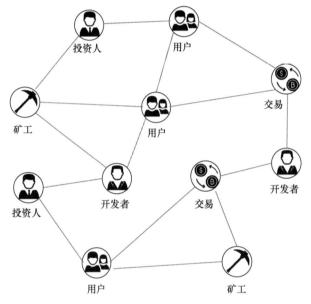

图 20-2　DAO 中不同角色的关系

区块链和智能合约在技术上促进了 DAO 发展的同时也降低了 DAO 的管理成本，并能支持以共识规则来调整所有相关利益者的利益。

20.3　DAO 的合规化范式

正是由于 DAO 有非常大的自由度，因此监管难度非常大。目前，围绕 DAO 的监管还不确定；DAO 还是以 DeFi 项目为主，并且逐渐出现了一些金融方面的问题。

在 2022 年年初，一些知名的 DAO 项目呈现出自我规划的趋势，这为 DAO 进入现实世界的各行各业带来了更多的可能性。

据 DeepDAO.io 数据，截至 2022 年 11 月 7 日，DAO 的数量已经达到 9824 个，前 5%
的 DAO 资产管理规模已经接近 100 亿美元，发展非常迅速。

就中国而言，创建一个 DAO 需要符合中国的监管条件。未来，中国的 DAO 在有序监
管下会越来越多，甚至可以为任意的一件事构建一个 DAO。

20.3.1　明确使命

明确使命是建立 DAO 的第一步，也是最重要的一步，需要定义清楚建立 DAO 是为什
么，具体的目标是什么。目前，DAO 有非常多的类型，包括投资型、收藏型、授权型、协
议型、社交型、服务型、媒介型、营销型等。

例如，我们为某一大宗商品的营销建立一个 DAO，DAO 的目标可以非常简单，比如
是提升这一大宗商品的销售量和销售额。要实现这一目标就需要找人，这就进入了第二步，
建立社区。

20.3.2　建立社区

建立社区是非常困难的，这涉及如何去管理没有任何契约关系的社区成员。社区可以
分为生产者社群和消费者社群。

生产者社群由不同的生产商组成。作为社群一员的每一个生产商利用自己的生产资料
按需进行生产，并将精力集中放在提升自身生产工艺以及生产质量上来。生产者社群的活
动以供货和提升生产工艺为主。

消费者社群由消费者及销售者构成。消费者社群以商品销售、商品推广为主。

20.3.3　构建治理框架

在中国，合规的 DAO 将在中国行业主管单位的监管和指导下建立。

例如，可以以"小核心 + 大外围"的模式构建治理框架。

小核心为执行委员会，其通过软件共识的形式进行提案，并以公司形式运行，表现形
式为建立一家小型企业。以代码、工具、合约为基本生产要素；以品牌、高质量的产品为

基础；以进行大规模劳动协作创新并让相关利益者共同受益为目标。

执行委员会的主要任务是用代码、工具以及合约建立协作规则、市场规则、激励规则，并以出让一部分企业股权的方式来激励"大外围"，形成产品的"专一品牌"。

"大外围"即广泛的产品生产商、消费者以及关注者。

1. 生产商的规则

加入或退出：自由加入或退出 DAO。执行委员会对拟加入的生产商进行必要信息核准后颁发"生产商凭证"。"生产商凭证"将作为生产商在 DAO 中的永久身份，退出后依然会保留，而且可以二次加入，但"生产商凭证"仍然使用首次颁发的。

签约生产：生产商通过抢单进行生产，订单是在链上用合约的方式发布的。一般消费者可以以合约的方式向生产商下单。

股权激励：例如，企业将出让 30% 的股份给生产商，在一个自然年完成生产订单最多的前 10 家生产商，将按比例获得利润分红。

2. 一般消费者（销售者）的规则

加入或退出：自由加入或退出 DAO。消费者（销售者）购买或销售任意一件生产商生产的产品后即获得"消费者凭证"。"消费者凭证"将作为消费者在 DAO 中的永久身份，退出后依然会保留。

升级为代理：拥有一定数量社群（如 10 个群）的销售者将成为代理，代理在 DAO 中购买商品时，可获得代理专属优惠。

股权激励：例如，公司将出让 30% 的股份给销售体系，在一个自然年完成销售额最多的前 10 个代理成为合伙人，并按比例获得利润分红。

20.3.4　分配所有权

完成上述治理规则后，即可分配所有权，所有权表示成员有资格对治理决策进行投票。

成员拥有"凭证"才能进行投票，"凭证"是 DAO 中所有权的体现，"凭证"的表现形式可以是联盟链上发行的 NFT。

20.4　实践：构建房地产经纪人的 DAO

房地产的交易市场中还存在欺诈、伪造文件、交易周期长、成本高等方面的问题。房地产的整个交易过程由买卖双方和中介机构来完成。对中介机构而言，如何有效地管理并且更好地服务买卖双方就显得非常重要。房地产交易市场的安全、高效、快捷、低成本对买卖双方是刚需。

因此，一个房地产经纪人的 DAO 和基于房地产经纪人 DAO 的价值共享网络，能够解决房地产交易过程中产生的各类问题。

20.4.1　痛点分析

1. 交易跑单

交易跑单是在房地产买卖过程中经常发生的一种现象。例如，某房地产经纪公司经纪人 A 带客户（买房者）看房，房主（卖房者）和客户达成一致后，客户为了降低中介成本或其他原因撇开当前经纪人 A 而选择经纪人 B。

2. 管理成本高

房地产经纪公司的员工分别扮演不同的角色，负责不同工作。例如，有的人负责为房屋拍照、有的人管理钥匙、有的人录入房源、有的人做销售等。每个员工所做的工作都只有在房子销售完成以后才能算是有效工作。但由于交易跑单、合同违约等多种情况的出现，员工的工作不能有效体现，公司收益减少，管理成本也增多了。

3. 员工绩效工资发放得太晚

房地产经纪公司根据员工不同的有效工作贡献发放绩效工资，但往往房产交易的整个过程时间周期较长，一般会持续几个月，从而导致员工的绩效工资发放得太晚；如果在房产交易过程中存在其他特殊情况（如交易跑单、交易异常终止等），则员工将无法获得绩效，导致员工的工作积极性不高。

4. 跨城区拓展业务困难

随着房地产市场的扩大，当面对全国不同城市的情况时，房地产经纪公司用同一套宣传和经纪人管理标准是行不通的。曾经有某房产经纪公司将培养好的精英员工派到不同的城市从事房地产经纪工作，但收效非常不理想。所以，房地产经纪公司在跨城区拓展业务时，管理标准势必要因地制宜。

5. 监管障碍，信息不透明

房地产行业的诸多不良事件使房地产经纪公司声誉不佳，究其原因，房地产经纪公司虽然受到了法律的严格监管，但监管机构要花费大量时间对它们进行深入调查和财务评估，而且烦琐交易背后的文件还存在破损、丢失、被盗等情况，这也使监管的难度变得更大。

20.4.2　解决方案

针对以上问题，建立一个房地产经纪人的 DAO 并基于 DAO 构建一个网络是一个有效的解决方案，如图 20-3 所示。

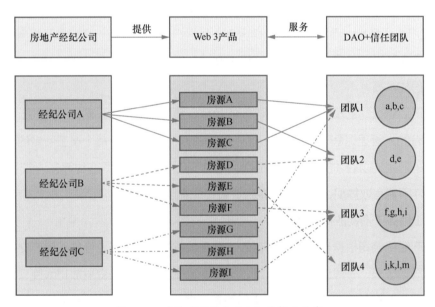

图 20-3　房地产经纪人 DAO 的解决方案

建立经纪人的 DAO 组织，每个房地产经纪公司作为一个节点，每个节点可自行寻找其他可信节点，组合为一个大于等于 2 的团队，完成房地产的销售闭环。

经纪人的 DAO 组织分为两级，一级为执行委员会，另一级为普通会员，以城市为最基本单位来建设。

例如，在城市 X，房地产经纪公司 A、B、C、D、E 组成执行委员会，它的主要工作是处理日常事务和执行多方共识无法达成时的仲裁。执行委员会中的委员可自由退出，但是某房地产经纪公司要加入执行委员会时，必须由一名执行委员会委员推荐，并经执行委员会投票通过才可加入。

普通会员可参加部分日常事务的治理活动（如参与投票），可参加全部协作共享活动。

执行委员会需要独立运行一个 DAO 组织联盟链的节点，并质押一定的资产。

DAO 组织的所有治理决策均通过链上智能合约代码实现的"提案"与"投票"功能达成共识，并在链上存证以供回溯。需要强调的是，所有参与治理的成员必须在联盟链上建立数字身份。

1. 数字身份

数字身份是参与治理的任何角色的唯一标识。面向房地产销售的联盟链为每个注册的单位或个人提供一个公私钥对，公钥的多次哈希值代表身份，私钥用于确权和授权。

2. 提案

任何成员都可以进行提案，但首先需要在联盟链上发布提案内容，申请其他人进行签名，只有签名达到一定数量，才能提交执行委员会，并发起投票。

其中，执行委员会委员的提案，可仅邀请执行委员会成员签名，获得 1/3 委员签名即可对发布提案进行投票。

3. 投票

所有成员对提案进行投票。投票一般分为两种：

（1）定向投票，邀请部分成员参与投票；

（2）不定向投票，全体成员都参与投票。

4. 存证记录

提案以及投票的所有记录将在公共网络空间存储，形成文件，并在联盟链上存证。

房地产经纪人的 DAO 可以基于现有的区块链进行联盟链的建设，例如，可以基于 Diem 进行联盟链的建设。联盟链可以在 Diem Core 开源代码（Apache License 2.0）的基础上二次开发形成。

20.4.3　产品特点

1. 房源信息聚集，简化流程

买卖双方只需要在同一个系统上就可以看到整个房地产交易市场的全貌，包括房源信息、交易记录等。

2. 员工绩效，即时可见

房产经纪人的每一个贡献和绩效，在系统上都即时可见。

3. 公开透明，节约成本

整个房地产交易上链后，可节省管理成本。

4. 资料管理，安全可信

整个交易链条所产生的数据，包括合同文件、付款记录等均以区块链的方式存证，永久保存，不可篡改。

5. 共享数据，利于监管

整个交易链条上所产生的数据，买卖双方都能够共享。房地产交易的主管单位也能够及时获取到这些数据，可对房地产经纪公司实现有效监管。

第 21 章　Web 3 中的物理基础设施——DePIN

21.1　DePIN 概述

DePIN（Decentralized Physical Infrastructure Network，去中心化物理基础设施网络），是指人们利用 Token 从零构建物理基础设施网络或者去中心化应用的区块链网络。因为 Token 可以与能源、电信服务等真实可见的东西进行等价交换，所以，DePIN 是 Web 3 中一个重要的概念。

DePIN 这个名字诞生的时间不长，但它的曾用名 [EdgeFi（边缘金融）、Proof of Physical Work（物理工作证明）、Token Incentivized Physical Networks（通证激励的物理网络）] 已经存在几年了。

相比传统网络模式，DePIN 的优势包括：DePIN 硬件与硬件维护的费用从网络成员处众筹，从而降低运营成本；DePIN 利用区块链技术实现安全的点对点交易，省去中介费；DePIN 的参与者可以直接使用各类 Web 3 工具以及 DeFi 服务，获取更多收益。

举一个例子：如果要启动一项新的电信服务，采用传统方式，首先我们要筹集大笔资金，从某个主导市场的中心化公司那里购买并部署基础设备，然后租用或者购买土地来建设一些基础设施，另外，还要雇用很多人维护设备；而在 DePIN 模式下，我们只需搭建一个允许任何人参与的网络，并且向参与者提供数字基础设施，参与的企业或个人可以在这个网络上先设置自己的硬件，并自行部署和维护硬件，然后各节点就可以在这个网络上进行互动并交易了。

DePIN 主要由两部分组成：物理基础设施（Physical Infrastructure），如太阳能板、控制器；数字主干（Digital Backbone），是指 DePIN 项目所需的各种智能合约的集合，这些智能合约最好在公有的、非准入型的区块链上运行。区块链作为账本，记录网络成员之间的各类交易，完成特定活动（如提供基础设施服务）的参与者可以得到 Token 奖励。

数字资产情报公司 Messari 指出，DePIN 目前有四大应用场景，分别如下。

（1）服务器（Server）：去中心化数据存储网络（Filecoin、Arweave、Sia、Storj、Space and Time）、计算网络（Akash、Flux、Golem、Render）、CDN 网络（内容分发网络）、VPN 网络（虚拟私有网络）。

（2）无线网络（Wireless）：5G 网络（Helium、Pollen、XNET）、远程广域网（专为物联网应用开发的无线网络协议）、Wi-Fi 网络（WiCrypt、Foam）、混合网络（World Mobile Token）、蓝牙网络（Nodle）。

（3）传感器（Sensors）：Hivemapper［去中心化地图网络，贡献者用车载摄像机收集图片并赚取 HONEY Token，图像会不断更新，形成高清晰度的全球地图，用户需要购买"地图信用点"（map credits）才能通过 Mapping API 使用地图数据］; DIMO（由驾驶员收集、分享汽车数据的 IoT 平台，用户贡献数据并赚取 DIMO Token，这些数据用来支撑新技术、新应用的研发）; PlanetWatch（利用 Algorand 区块链，创建全球空气质量监测网络）。

（4）能源（Energy）：分布式能源网，如 React（目标是创建一个社区网络，连接各类分布式能源到市场，贡献者提供服务赚取 KWH Token 和稳定币）、Arkreen（去中心化能源交易网络，参与者可以交易能源，产出和消耗能源可以获得 Arkreen Token）。

21.2　一个 DePIN 的实例：去中心化存储 Filecoin

21.2.1　Filecoin 概述

我们已经熟知的互联网的存储机制是中心化的，链接方法是从网络上的一个站点访问另一个站点，而完成这个访问所使用的协议是 HTTP/TCP。中心化的存储机制在网络逐渐发展，数据不断增长的情况下，网络运营成本高、效率低、安全性差、数据丢失等缺陷难以避免。为了改变传统互联网这些缺陷，Juan Benet 于 2014 年创立协议实验室（Protocol

Labs），并于 2015 年 1 月发布了 IPFS（Inter-Planetary File System，星际文件系统）。

IPFS 是一种基于内容寻址、版本化、点对点的超媒体传输协议，致力成为下一代互联网底层通信协议。相比 HTTP，IPFS 具有成本低、效率高、隐私性强等优势。

IPFS 推出后，获得了不少人的关注，为了激励更多的人参与基于 IPFS 的网络的应用开发，2017 年 6 月，Juan Benet 团队发布了基于 IPFS 开发的激励层区块链项目 Filecoin。

Filecoin 是一种基于区块链技术的分散式数据存储解决方案，通过原生加密 Token FIL 激励更多的人参与并使用 IPFS。

Filecoin 的目标是将数据存储到分散式架构的云上，创建一个强大且活跃的分布式云存储网络。

在 Filecoin 系统中，参与者要想获得 Token FIL 激励，通常需要提供存储服务或检索服务，Filecoin 借此吸引人们贡献存储资源、检索服务、带宽资源到 IPFS 网络中，以构建一个高效、安全且自由的新型网络。

Filecoin 经济结构中包含五大角色和四大支柱。五大角色分别是存储和检索数据的"用户"、在协议上开发应用程序的"开发者"、提供数据检索服务的"检索工人"、提供数据存储空间的"存储工人""Token 持有者"。

四大支柱为存储服务、检索服务、区块链和 Filecoin 原生加密 Token FIL。

在这些角色中，"存储工人"在确保链上共识和提供存储服务方面起着核心作用，"开发者"和"Token 持有者"则分别在客户和网络之间、Filecoin 经济体系与外部市场之间起着"桥梁"作用，Filecoin 经济结构如图 21-1 所示。

图 21-1　Filecoin 经济结构

具体而言，"工人"等角色通过提供存储服务、检索服务等方式在 Filecoin 网络中获取 Token FIL；"用户"等角色通过存储数据或下载所需数据等方式消费 Token FIL，从而驱动整个 Filecoin 经济体系运行。

21.2.2　Filecoin 与 IPFS

IPFS 诞生的初衷是解决互联网数据存储所面临的各种问题。与基于 HTTP 的网络的中心化存储方式不同，基于 IPFS 的网络采用了分布式存储的方式（见图 21-2）。基于 IPFS 构建的网络中无中心节点。存储在 IPFS 的网络中的数据，将以碎片化的形式分散地存储在世界各地的存储器中，并生成唯一的哈希值。当用户需要下载和访问数

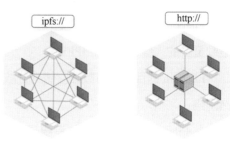

图 21-2　基于 IPFS 的网络数据存储与基于 HTTP 的网络数据存储的区别

据时，凭借哈希值就可以从多个存储节点上下载数据，这大幅降低了数据存储和传输的成本，且有效提升了存储数据的安全性。

随着互联网的蓬勃发展，人们对数据储存的需求呈指数级增长，IPFS 扮演着越来越重要的角色。自 IPFS 发布以来，IPFS 创始团队 Protocol Labs 已陆续创建了 IPLD、LibP2P、Multiformats、Filecoin 等模块化项目。其中，LibP2P、IPLD、Multiformats 主要服务于 IPFS 底层，Filecoin 则作为 IPFS 的激励层，承载着 IPFS 的价值传递。

如今，IPFS 生态系统已逐渐完善，IPFS 官方披露，截至目前，基于 IPFS 协议的生态应用已有百余个，主要应用在搜索引擎、社交、文件传输、视频语音等多个领域，且几乎每个领域都有知名项目出现。

不少刚了解 IPFS 和 Filecoin 的读者常将两者混为一谈，误认为 Filecoin 概念等同于 IPFS，实则不然。Filecoin 和 IPFS 二者之间联系密切，但又相互独立，如表 21-1 所示。

表 21-1　Filecoin 与 IPFS 的对比

类别	Filecoin	IPFS
定义	IPFS 网络上的激励层	基于内容寻址、版本化、点对点的超媒体传输协议
对标对象	传统云存储提供商	HTTP

续表

类别	Filecoin	IPFS
采用技术	区块链技术	BT 以及其他类型技术，无区块链技术
应用场景	数据存储	数据传输与定位
参与者	参与者通过提供存储服务或检索服务，获得 Filecoin 原生加密 Token FIL	不需要参与者自主参与，没有 Token

　　Filecoin 是 IPFS 的激励层，其通过 Token FIL 激励模式在 IPFS 协议上构建了一个去中心化的存储交易市场，激励用户参与 IPFS 生态建设。同时，IPFS 的持续发展也为 Filecoin 提供了重要的基础支持，助力 Filecoin 生态发展。

　　随着 Axelar 和 Celer Network 在主网上推出消息传递的 Token 桥接方案，Filecoin 在跨链互操作性方面取得了重大飞跃，实现了 Filecoin 与 30 多个 Web 3 的公链之间的无缝通信和资产转移。

第 22 章　Web 3 中的标识
——数字身份

22.1　数字身份概述

随着信息技术以及互联网的逐渐发展，数字身份的概念被提出。在数字世界中，身份不再是一个标识、一串字符，而是一种状态，这种状态将通过计算来定义：这意味着数字身份本身将不再仅仅被动地依赖于传统的身份证明，如身份证、出生证、驾驶执照等。相反，数字身份将变成一种主动的状态、一种动态的状态，其通过主动计算和分析来定义，例如，通过个人的在线行为、社交媒体数据、消费习惯等多种因素来构建。当前，机器学习和人工智能技术可以分析和理解这些数据，从而形成对个体身份的更全面和准确的描述。从这个意义上讲，数字身份是不能被删除的，是永远伴随着个体存在且随时被计算的。

22.2　数字身份的演进和发展

数字身份是伴随着信息技术和互联网技术的发展而发展的。数字身份的发展主要经历了 3 个不同的阶段。

第一个阶段是单一机构认证的中心化身份阶段。

这个阶段的数字身份是由单一权威机构给予并管控的。这个阶段的特点是获得数字身份的对象由早期的机构逐渐发展到个人。

作为单一机构认证并颁发数字身份的典型代表就是 IANA（The Internet Assigned Numbers Authority，互联网数字分配机构）。IANA 是全球最早的 Internet 机构之一。其主要任务就是分配域名，管理 DNS 域名根，协调并决定 IP 地址的有效性；协议分配，管理协议标号系统。在互联网时代，大家所熟知的单一权威机构就是 CA（Certificate Authority，证书授权）颁发机构。CA 颁发一种身份，用于证明互联网的网站是具有被认证的身份的。

大约在 1999 年，微软公司的项目 .Net Passport 是将中心化数字身份发展到个人化的一种服务。利用该服务，用户只创建一个用户名和密码就能登录和使用所有站点提供的联机服务。

第二个阶段是以用户为中心的数字身份阶段。

在这个阶段中，去中心化身份的概念被正式提出。IIW（Internet Identity Workshop，互联网身份工作室）正式成立，其主导思想是每个人都应该具有控制自己网络身份的权利。

IIW 成立以后，许多数字身份的新的方法诞生了。例如，2005 年，一种简单安全的身份验证方式 OpenID 出现。OpenID 允许个人使用现有的账号和用户名（如 Apple、Google 或 Microsoft 账户）在任何支持 OpenID 的应用程序和网站上登录。用户使用 OpenID 登录之后，还可以控制与应用程序或网站共享的用户资料。

2010 年，OAuth（Open Authentication）出现，它是一个开放标准，允许用户通过第三方应用访问该用户在某一网站上存储的私密的资源（如照片、文件等），且用户不用将用户名和密码提供给第三方应用。

OAuth 允许用户提供一个令牌，而不是用户名和密码来访问他们存放在特定服务提供者那里的数据。每一个令牌授权一个特定的网站（如视频编辑网站）在特定的时段（如接下来的 2 小时内）内访问特定的资源（如仅仅是某一相册中的视频）。这样，OAuth 让用户可以授权第三方网站访问他们存储在另外服务提供者那里的某些特定信息，而非所有内容。

2013 年，FIDO（Fast IDentity Online，线上快速身份验证）出现，它是一种在线验证用户身份的技术，应用在指纹登录、双因子登录等场景。因为它可提高安全性、保护隐私，目前，许多移动端设备都支持这种技术。

第三个阶段就是进入 Web 3 之后，区块链以及人工智能技术的发展，让数字身份具有了主动行为的特征，这种主动行为的特征并不依赖或部分依赖中心化机构。

这个阶段的"数字身份"从本质上讲是通过主动、不断的"计算行为"得到的。它不再是静态的、拟定的、被动给予的，而是动态的、主动的，需要不断通过"计算优化与演化"。

人工智能和区块链技术已经深度融入社会各个角落。在这种环境下，人们的数字身份正在成为进入各个系统的关键，它由复杂的算法与海量数据驱动，成为这个时代每个人独一无二的在线存在形式。

这个阶段数字身份的特点具备 Christopher Allen 在"The Path to Self-Sovereign Identity"这篇文章提到的十大原则：存在（Existence），用户必须独立存在；控制（Control），用户必须控制自己的身份；接入（Access），用户必须能够访问自己的数据；透明度（Transparency），系统和算法必须是透明的；持久（Persistence），身份必须是长期存在的；可转移（Portability），关于身份的信息和服务必须是可转移的；互操作性（Interoperability），身份应尽可能广泛地被使用；同意（Consent），用户必须同意其身份被使用；最小化（Minimalization），对信息的披露必须保持最小化原则；保护（Protection），必须保护用户的权利。

遵循这十大原则，以及随着区块链技术的逐渐成熟，DID（Decentralized IDentity，去中心化身份）逐渐进入大众视野。

DID 是由 W3C（万维网联盟）于 2019 年提出的一个标准。2022 年 7 月 19 日，W3C 去中心化标识符工作组发布 Decentralized Identifiers (DIDs) v1.0 正式推荐标准。该标准定义了去中心化标识符（DIDs），这是一种新型标识符，支持可验证的、去中心化的数字身份，具有全局唯一性、高可用性、可解析性和加密可验证性。DIDs 通常与加密信息（如公钥）和服务端点相关联，以建立安全的通信信道。DIDs 对于任何受益于自管理、加密可验证的标识符（如个人标识符、组织标识符和物联网场景标识符）的应用程序都很有用。例如，当前 W3C 可验证凭据的商业部署大量使用 DIDs 来标识人员、组织和事物，并对这些实现安全和隐私保护。

22.3　Web 3 中"数字身份"的不同应用表现

1. Soulbound Token

自主管理的数字身份中，比较特别的应用是 SBT（Soulbound Token），意思是"灵魂绑定通证"。SBT 来自 2022 年 5 月由 E. Glen Weyl、Puja Ohlhaver 以及 Vitalik Buterin 所撰写

的论文 Decentralized Society: Finding Web 3's Soul。其大意是，一个人的资产可以与其"灵魂"进行绑定，这里的"灵魂"，实际就是独一无二的数字身份。

SBT 具有唯一性，表现形式是一个不可转让的 NFT。任何人都能够通过 SBT 的标记对"灵魂"进行评价。这有助于用户在去中心化世界建立数字身份，形成社交价值等。

我们都知道，在 Web 2.0 中，用户的社交价值被平台量化展示，一个抖音博主的粉丝数量、视频播放量、点赞数反映了他的账号价值。但是，在 Web 3 中，以区块链钱包地址为 ID 的用户行为还没有量化方式，更谈不上经济价值，钱包地址的属性依然只是"数字身份证"。

SBT 出现之后，用户的钱包地址可以绑定个人的各类数字资产和数字凭证，绑定的行为是主动的，数字资产和数字凭证是不断迭代和增长的，从这个意义上而言 SBT 的出现为去中心化的数字身份的建立起到了推动作用，具有示范意义。

2. Ethereum Name Service

Ethereum Name Service，简称 ENS，是 Web 3 中的账户和域名。其最大的特点是可以将钱包地址等机器可读的标识符映射到人类可读的文本。

ENS 的出现无疑是将"数字身份证"发挥到了极致，但是它还不具有自主管理的能力，也不能完全满足"数字身份"的十大原则。

3. Len Protocal

从社交属性来看数字身份，比较有代表性的应用就是 Len Protocal。Lens Protocol 的目的是建设一个去中心化的、可组合的社交图谱，允许任何人创建非托管的社交媒体资料，构建新的社交媒体应用程序。

Len Protocal 的宗旨是希望用户数据被用户自己控制，克服 Web 2.0 社交网络的缺点（所有记录、数据都以集中方式存储）。

Len Protocal 主要是围绕 Profile NFT 来运行的，Profile NFT 是用户控制自己数据所有权的关键，包含用户生成的所有数据，例如，帖子、评论和其他内容的历史记录。

NFT 代表了 Len Protocal 生态的身份证，用户使用钱包连接 Len Protocal 创建自己的主页，主页会被铸造为 Profile NFT。只有持有 Profile NFT 的用户（内容创作者）才可以创作内容，这些活动会记录到链上的 Profile NFT 中。其他无 Profile NFT 的用户（非内容创作者）

只能关注喜欢的博主主页并收藏创作者发布的内容。

　　Len Protocal 具备两大特点，一是内容、数据所有权的通证化。Len Protocal 以 NFT 为核心构建关系，多个 NFT 的相互作用产生关注、转发、收藏等社交行为，构成社交图谱，确保用户拥有的内容和社交关系不可变。二是组件模块化和可组合性。Len Protocal 提供了 Profile NFT、Follow NFT、Collect NFT、Mirror NFT 等模块化组件，允许开发者在 Len Protocal 上任意搭建多样化的社交应用，并鼓励开发者开发提升用户体验的新组件。